Dummytraining Schritt für Schritt

Apportieren leicht gemacht

Viviane Theby & Lisa Peitz

KYNOS VERLAG

Konrad-Zuse-Straße 3
D-54552 Nerdlen/Daun
www.kynos-verlag.de

4. Auflage 2014

Alle Fotos: Viviane Theby

Gedruckt in Lettland

ISBN 978-3-938071-45-8

Inhaltsverzeichnis

Vorwort

Hunde brauchen einen »Beruf« oder ein »Hobby«, um körperlich und geistig gut ausgelastet und zufrieden zu sein: Diese Tatsache wird immer mehr Menschen bewusst und bewegt sie, nach einer sinnvollen Beschäftigung für ihren Hund zu suchen. Unter den vielen möglichen Hundesportarten rückt auch die Dummyarbeit immer mehr in das Interesse der »normalen« Hundehalter.

Was früher eine Jagdhundeausbildung war, wird mehr und mehr eine sinnvolle Beschäftigung für ganz normale Haushunde, und was ursprünglich hauptsächlich den Retrievern vorbehalten war, kann durchaus mit fast jedem Hund ausgeübt werden.

Bei den Dummys handelt es sich um gefüllte Säckchen, die Entenattrappen darstellen sollen: Apportierhunde wurden und werden an ihnen ausgebildet, um dem Jäger das geschossene Wild in vielen verschiedenen Situationen zu apportieren. Daraus ergeben sich viele interessante Trainingsaufgaben, die ganz hervorragend dazu geeignet sind, die Verständigung zwischen Mensch und Hund um ein Vielfaches zu verbessern.

Will man die Dummyarbeit mit einem anderen Hund als einem Retriever machen, setzt das ein etwas anders aufgebautes Training voraus. Man könnte fast sagen, dass die Retriever sozusagen »mit dem Dummy im Maul geboren« sind. Das Apportieren braucht man ihnen in der Regel nicht beizubringen! Für andere Rassen gilt das nicht so unbedingt. Aber auch viele Retriever sind nicht mehr das, was sie vielleicht mal waren und brauchen durchaus etwas Nachhilfeunterricht in Sachen Apportieren.

Die Art und Weise, wie wir die Dummyarbeit aufbauen werden, lässt sich am besten durch ein kleines Bild deutlich machen:

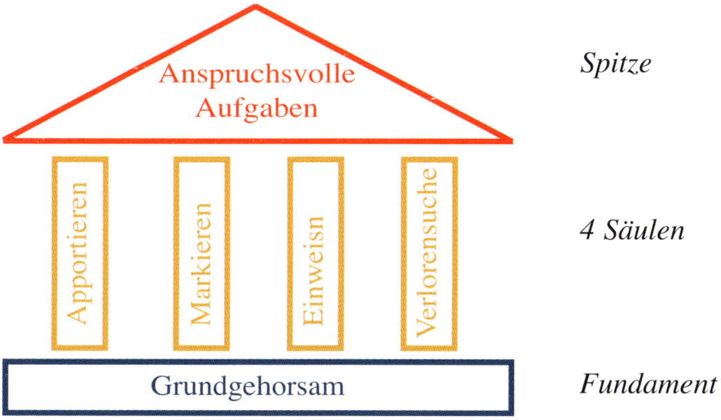

Grundlage ist ein solides Fundament aus gutem Grundgehorsam. Darauf werden wir hier nur so weit eingehen, wie es für das Dummytraining wichtig ist. Ansonsten verweisen wir auf andere Trainingsbücher (siehe Literaturverzeichnis Seite 140).

Auf dem Fundament stehen die vier Säulen als Stützpfeiler für das eigentliche Dummytraining, nämlich das Apportieren, das Einweisen, das Markieren und die Verlorensuche.

Erst, wenn alle vier Säulen errichtet sind, kommt die Spitze oder das Dach darauf: Dann wird das bis dahin Gelernte zu vielen schönen, zum Teil wirklich anspruchsvollen Aufgaben zusammengefügt.

Wir legen also in der Dummyarbeit sehr viel Wert auf einen schrittweisen Trainingsaufbau. Schritt B kommt erst dann, wenn Schritt A ausreichend gelernt ist. Die Grundausbildung ist Voraussetzung! An den vier Säulen kann durchaus parallel gearbeitet werden, weil sie völlig unabhängig voneinander aufgebaut werden. Aber die Spitze kann man erst dann in Angriff nehmen, wenn die vier Säulen sehr solide errichtet sind, sonst bricht das gesamte Gebäude zusammen.

Die meisten Probleme in der Dummyarbeit entstehen dadurch, dass oft zu schnell vorgegangen wird und der zweite vor dem ersten Schritt gemacht wird. Genauso wie bei einem Haus mit schwachem Fundament Einsturzgefahr besteht, wenn man zu hoch hinausbaut, ist es auch im Hundetraining. Dummerweise wird dann oft den Hunden die Schuld in die Schuhe geschoben und sie werden als dumm, stur oder unbrauchbar bezeichnet. In Wirklichkeit schafft es der Mensch aber nur nicht, dem Hund deutlich zu machen, was er von ihm will!

Zu dieser besseren Verständigung möchten wir mit diesem Buch verhelfen. Wir möchten Ihnen eine genaue Anleitung an die Hand geben, mit der Sie Ihrem Hund ganz folgerichtig klar machen können, was Sie von ihm wollen. Ihre einzige Aufgabe besteht darin, immer einen Schritt nach dem anderen zu gehen. Zuerst Schritt A, dann Schritt B, dann Schritt C – immer einen nach dem anderen und bitte keinen überspringen! Manche Schritte können Sie entsprechend schneller abhandeln, weil sich der Hund sehr geschickt anstellt, für andere werden Sie etwas länger brauchen. Wir bestimmen den Weg, das Tempo bestimmt der Hund und natürlich auch Ihre Trainingsgeschicklichkeit. Je besser Sie sind, desto »schlauer« ist Ihr Hund.

Mit dem Durcharbeiten der einzelnen Trainingsschritte werden wir Ihnen also so nebenbei vermitteln, selbst ein immer besserer Trainer zu werden. Sie werden lernen, wie Sie Ihren Hund durch einen logischen Übungsaufbau in kleinen Schritten zügig zum Erfolg führen und sehen, wie viel Freude er beim Training hat.

Das Ergebnis wird – neben einer sehr schönen Beschäftigung für Sie und Ihren Hund – eine immer bessere

Verständigung zwischen Ihnen und Ihrem Hund sein.

Wir werden die meisten Übungen mit dem Klicker erklären. Sollten Sie nicht mit Klicker arbeiten wollen, können Sie natürlich auch ein anderes Markersignal verwenden wie zum Beispiel ein kurzes »Ja«, »Top« oder was auch immer. Aus Erfahrung lässt sich allerdings sagen, dass man damit nie an die klaren Kommunikationsmöglichkeiten herankommt, die mit dem Klicker möglich sind. Wenn in unseren Seminaren Leute mitmachen, die bis dahin noch keinen Klicker verwendet haben, dann fangen sie spätestens nach diesem Wochenende damit an, sei es im Agility, Dogdancing oder bei der Dummyarbeit. Zu den Grundlagen des Klickertrainings finden Sie ebenfalls Literaturtipps im Anhang. Unter richtiger Anleitung ist es aber nur eine Sache von wenigen Minuten, bis Sie den Klicker im Training einsetzen können.

Viel Spaß also bei der Dummyarbeit und denken Sie daran: Der Weg ist das Ziel!

Das Fundament: Der Grundgehorsam

Komm – Sitz – Gehen an lockerer Leine

Wie bereits gesagt, ist ein guter Grundgehorsam die Voraussetzung für alle weiteren Übungen. Das hat folgenden Grund: Der Hund beziehungsweise das Hundegehirn lernt immer, nicht nur dann, wenn wir ihm etwas beibringen wollen. Und immer dann, wenn der Hund etwas tut, was wir nicht so gerne haben – wie vielleicht an der Leine ziehen – lernt er, dass er das tun kann. Geht man also mit einem an der Leine ziehenden Hund zu einer Übung, lernt er, dass das An-der-Leine-Ziehen dazu gehört. Je nachdem, wie gern er die Übung macht, wird das Ziehen an der Leine sogar richtig gut belohnt. Und es wird immer schlimmer werden! Deshalb ist die Grundausbildung so wichtig. Geht der Hund schön an lockerer Leine zu einer Übung, wird genau dieses Verhalten belohnt. In der Regel machen den Hunden die Übungen der Dummyarbeit sehr viel Spaß, so dass die Übung eine sehr schöne Belohnung und damit ein Verstärker für das ist, was der Hund davor tut. Der gute Grundgehorsam wird dann sozusagen automatisch immer mehr gefestigt. Dazu ist es aber notwendig, Wert darauf zu legen und eben zuerst das Fundament zu errichten.

KOMM

Bei allem, was wir dem Hund beibringen wollen, ist es zunächst einmal wichtig, irgendwie an das Verhalten zu kommen. Dazu haben wir drei Möglichkeiten. Man kann das Verhalten »einfangen«, wenn es der Hund von sich aus anbietet, man kann es mit dem Klicker frei formen oder man kann irgendeine Art der Hilfestellung geben.

Möglichkeiten, um an ein gewünschtes Verhalten zu kommen:

- **Einfangen**
- **Frei formen**
- **Hilfestellung geben**

Für das »Komm« bedeutet das: Sie müssen irgendwie erreichen, dass der Hund zu Ihnen kommt. In dem Moment, wenn er mit Tempo auf Sie zukommt, geben Sie das Komm-Signal.

Was Sie als Signal nehmen, ist eigentlich egal. Wichtig ist nur, dass Sie immer das gleiche verwenden. Wir empfehlen ein spezielles Signal, das einem auch nicht so schnell über die Lippen kommt. »Komm« ist dafür ungeeignet – das sagt man viel zu schnell! Das Entscheidende beim Aufbau eines guten »Komm«-Kommandos ist nämlich, dass man das Signal nur dann gibt, wenn man sich wirklich hundertprozentig sicher ist, dass der Hund auch kommt. Mit jedem Mal, dass der Hund das Kommando hört und nicht kommt, lernt er, dass er eben auch nicht kommen kann. Deshalb ist das so wichtig! Und deshalb empfiehlt sich ein etwas ausgefalleneres Kommando.

Auch ein Pfeifsignal ist sehr sinnvoll, hat allerdings den Nachteil, dass man dann die Pfeife auch dabei haben muss. In der Regel wird hier ein möglichst kurzer Doppelpfiff verwendet.

Nun gilt es mit ganz wenig Ablenkung anzufangen, damit der Hund die Verknüpfung zwischen dem Kommando und seinem Kommen herstellen kann und dann die Ablenkung Stück für Stück zu erhöhen. Sie sollten dem Hund die Aufgabe nur so schwer machen, dass er sie auch mit Sicherheit lösen kann. Ist die Ablenkung zu groß, rufen Sie besser nicht mit Ihrem gewählten Komm-Kommando, damit der Hund eben nichts Falsches verknüpft.

Üben Sie an vielen unterschiedlichen Orten. An einem neuen Ort unter einer neuen Ablenkung ist es sehr sinnvoll, den Hund zunächst einmal nur mit seinem Namen zu rufen. Reagiert er darauf nicht, hat man einen guten Hinweis, dass man das Komm-Kommando besser gar nicht erst anwendet, weil die Aufgabe für den Hund unter diesen Umständen zu schwer ist.

So gilt es dann, mit Gefühl die Anforderungen immer mehr zu steigern, bis der Hund schließlich auch unter schwierigen Bedingungen zuverlässig kommt. Was »schwierige Bedingungen« sind, ist von Hund zu Hund verschieden. Deshalb kann man Training auch schlecht als Rezept anwenden. Der eine Hund macht sich überhaupt nichts aus umherfliegenden

Rufen Sie den Hund anfangs nur dann zu sich, wenn Sie ganz sicher sind, dass er auch kommt.

Blättern, sie stellen für ihn keinerlei Ablenkung dar, während dieselbe Situation für einen anderen Hund schon Training unter höchster Ablenkung sein kann.

Deshalb ist es viel wichtiger, dass Sie das Prinzip verstehen: Immer nur rufen, wenn Sie hundertprozentig sicher sind, dass der Hund auch kommt und dann die Anforderungen seinem Können entsprechend immer weiter steigern!

SITZ

Hier gilt das gleiche Prinzip: Wir bringen den Hund dazu, sich hinzusetzen, zum Beispiel mit einem Leckerchen über der Nase. Erst wenn wir uns ganz sicher sind, dass er sich setzen wird, geben wir das Signal dazu. Das kann das Wörtchen »Sitz« sein oder ein beliebig anderes. Hierbei gilt es jetzt, eine Kleinigkeit zu beachten: Wenn wir mit einem Handzeichen arbeiten, bekommt der Hund damit schon ein Signal für das, was er tun soll. Es bringt dann nichts, ihm dazu noch das Wort zu sagen. Das würde er gar nicht mitbekommen, weil ihm das Handzeichen schon sagt, was er tun soll. Daher ist es wichtig, das Kommando, wenn es soweit ist, kurz *vor* dem Handzeichen zu geben. Dann kann der Hund lernen, dass das Wort das Handzeichen ankündigt (das er ja schon kennt), und nach einer Weile wird das Wort alleine ausreichen, damit er sich hinsetzt. Das merken Sie daran, dass Sie gar kein Handzeichen mehr geben müssen, denn der Hund sitzt schon vorher. Auch das gilt es jetzt an vielen verschiedenen Orten und allen möglichen Ablenkungen zu üben.

Chiara gibt das Signal erst dann, wenn sie sicher ist, dass Holly es auch ausführt.

Wichtig ist auch, dass der Hund lernt, in jedem beliebigen Abstand von Ihnen zu sitzen. Die meisten Hunde lernen beim »Sitz«, dass sie sich vor ihren Menschen setzen sollen, weil das ja von Anfang an so trainiert wird. Gibt man ihnen später das Kommando, wenn sie etwas weiter weg sind, laufen sie in der Regel erst zu ihrem Menschen und setzen sich dann hin. Diese Hunde müssen lernen, dass »Sitz« heißt, hinsetzen, egal, wo sie gerade sind. Das kann nun direkt neben dem Menschen sein, hinter ihm oder eben einige Meter entfernt. Man muss dem Hund unter Umständen in kleinen Trainingsschritten zeigen, was man von ihm will, denn leider können wir es ihm ja nicht so einfach in Worten erklären.

Eine Hilfe könnte sein, dass er hinter einem Zaun ist und Sie in einem Meter Entfernung stehen und ihm das Signal geben. Den Abstand können Sie dann Stück für Stück vergrößern. Klappt das gut, machen Sie das ganze ohne Zaun, fangen aber wieder bei einem kleinen Abstand an. Üben Sie in vielen verschiedenen Situationen.

Wenn der Hund länger sitzen bleiben soll und nicht nur ganz kurz, müssen Sie ihm auch das entsprechend beibringen. Dabei ist es wichtig, dass Sie ihn belohnen, *bevor* er aufsteht. Das ist die wichtigste Regel, die Sie beachten müssen!

Steht der Hund auf, haben Sie zu viel von ihm erwartet. Die Übung war zu schwer. Ganz allmählich wird nun die Zeit verlängert. Sie beginnen unter Umständen bei einer halben Sekunde und erst nach und nach können Sie verlangen, dass er länger sitzen bleiben kann. Steht der Hund auf, bevor Sie ihn für diese Übung belohnt haben, war das Ihr Fehler. Und dummerweise lernt der Hund, dass er aufstehen kann, wann immer er will. Das sollte also nicht passieren. Gehen Sie daher im Training entsprechend sorgsam vor.

»Sitz – Bleib« ist eine sehr wichtige Übung für den Grundgehorsam.

GEHEN AN LOCKERER LEINE

Man kann von dem Hund nur das erwarten, was man ihm auch beigebracht hat! Leider können wir auch hier wieder dem Hund nicht einfach sagen, was wir von ihm erwarten. Dabei würde es doch auch ihm so viel besser gehen, wenn er sich nicht andauernd die Luft abschnüren würde. Es hilft nichts: Wir müssen wieder die Lerngesetze anwenden, um dem Hund deutlich zu machen, was wir von ihm wollen. Der Hund sollte über die Ausbildung verstehen lernen, dass wir möchten, dass die Leine immer locker ist. Er sollte nicht mit irgendeiner Form der Gewalt dazu gebracht werden! Stachelhalsbänder, Zugleinen ohne Stopp, wie sie gerade in der Retriever-Ausbildung so gerne verwendet werden oder Geschirre mit Zugwirkung unter den Achseln oder auch einfach nur der Leinenruck sind daher tabu! Solche Instrumente fügen dem Hund Schmerzen zu, dienen aber nicht dazu, ihm klarzumachen, was wir wollen. Dafür sind andere Vorgehensweisen notwendig. Wendet man die richtig an, kann man auch auf diese schmerzhaften »Hilfsmittel« verzichten.

Übt man schon mit dem Welpen, dass er nur vorwärts kommt, wenn die Leine schön locker ist, entwickelt sich das An-der-Leine-Ziehen erst gar nicht. Das setzt voraus, dass der Hundehalter sehr konsequent ist, das heißt: Immer, wenn die Leine stramm ist, bleibt er stehen oder geht sogar in die andere Richtung. Die Konsequenz ist dabei wirklich das Schwierigste! Deshalb empfehlen wir, den Welpen an Brustgeschirr und Halsband gleichzeitig zu führen. Hat man also Lust und Zeit konsequent zu sein, wird die Leine am Halsband befestigt. Außerdem kann der kleine Hund dann auch noch mit Leckerchen oder Spielzeug gelockt werden, damit ihm die Übung leichter fällt.

Hat man keine Lust mehr, konsequent zu sein, muss den Hund aber immer noch an der Leine haben, wird die Leine einfach am Geschirr befestigt. Damit darf der Kleine dann machen,

Damit das Gehen an lockerer Leine klappt, ist vor allem Konsequenz gefragt.

was er will und lernt eben nichts Falsches dabei.

Bei erwachsenen Hunden gilt im Prinzip das Gleiche – nur haben diese Hunde schon entsprechend gut gelernt, dass sie an der Leine ziehen können, denn mit jedem Ziehen kamen sie bisher erfolgreich weiter. Es lohnte sich also für sie. Daher empfiehlt es sich auch hier, die Übung irgendwie neu aufzubauen. Das kann über ein neues Halsband erreicht werden, das nur für diesen Zweck verwendet wird, oder Sie nehmen ein Geschirr für einen Hund, der bis jetzt nur am Halsband geführt wurde. Dann wird es eben gerade anders herum gemacht als beim Welpen. Hat man Lust und Zeit konsequent zu sein, wird der Hund an dem neuen Teil geführt, zum Beispiel dem Geschirr. Hat man keine Lust mehr, führt man ihn so wie immer. So kann man Stück für Stück auch hier eine schönen Leinenführung aufbauen. Bei Hunden, die zu stark sind und dadurch doch immer einige Schritte weiterkommen, wenn sie ziehen, kann ein Kopfgeschirr (z. B. Halti oder Gentleleader) eine gute Hilfe sein. Damit ist das Kräfteverhältnis sehr zugunsten des Menschen verschoben, genau wie bei einem Pferd, das am Halfter geführt wird. Damit können dann die Regeln stehen zu bleiben, wenn der Hund zieht, oder gar in die andere Richtung gehen, besser eingehalten werden.

Ein »Halti« kann eine gute Hilfe zum Trainieren der Leinenführigkeit sein.

Die vier Säulen:

Apportieren – Einweisen – Markieren – Verlorensuche

In der traditionellen Dummyarbeit gibt es nur drei Elemente: das Markieren, das Einweisen und die Verlorensuche. Das Apportieren der Dummys wird vorausgesetzt, weil eben die entsprechend dafür gezüchteten Hunderassen verwendet werden. Allerdings könnte es auch bei diesen Hunden oft nicht schaden, das Training entsprechend gründlicher aufzubauen, weil es dann viele der häufigen Fehler und Schwierigkeiten in der Dummyarbeit nicht geben würde.

So verwenden wir, solange wir noch an den Säulen arbeiten, noch keine richtigen Dummys, sondern je nach Aufgabe irgendwelche anderen Gegenstände.

Alle eventuellen Fehler, die entstehen könnten, können dann sofort behoben werden und werden auf alle Fälle vom Hund nicht mit den Dummys in Verbindung gebracht. Erst wenn der Hund die entsprechende Aufgabe perfekt beherrscht, kommen die Dummys ins Spiel. Das hat den Vorteil, dass Fehler an den Dummys vermieden werden und der Hund schon früh in allen Bereichen der Dummyarbeit geschult werden kann.

ALLGEMEINE TRAININGSHINWEISE

Sie sollten das Training *immer* so gestalten, dass der Hund und damit Sie beide als Team Erfolg haben.

Der Hund kann eigentlich keine Fehler machen, sondern nur Sie, indem Sie zu schwierige Aufgaben stellen.

Arbeiten Sie nach den Prinzipien des »Ampeltrainings«. Das bedeutet: Solange Sie in Ihrem Training weiterkommen, sind Sie im grünen Bereich und können so fortfahren.

Sollte ein Schritt mal nicht klappen, sollte bei Ihnen die gelbe Lampe angehen. Denken Sie darüber nach, was eventuell schiefgegangen ist und versuchen Sie es noch einmal.

Gibt es auch dann einen Misserfolg, springt die Ampel auf rot. Das heißt: Stopp! Machen Sie so auf keinen Fall weiter, sondern überlegen Sie, was Sie ändern müssen, damit der Hund wieder alles richtig machen kann. Wahrscheinlich müssen Sie Ihre Trainingsschritte kleiner machen, das heißt eventuell in einem Trainingsschritt mehrere Zwischenschritte einbauen, oder aber sogar einige Schritte zurückgehen.

Stopp! Gibt es im Training einen wiederholten Misserfolg, springt die Ampel auf Rot: Ändern Sie Ihr Vorgehen, bevor Sie weitermachen.

- **Hören Sie immer auf, wenn es am schönsten ist!**
- **Trainieren Sie lieber häufig ganz kurze Sequenzen als selten und dann zu lange.**
- **Unterbrechen Sie das Training, wenn Sie merken, dass Sie ungeduldig werden.**

Das Apportieren

Das Apportieren bildet sozusagen die Grundlage der Dummyarbeit. Im Trainingsziel soll der Hund das Dummy, zu dem er auf verschiedene Arten und Weisen gekommen ist, auf direktem Weg und möglichst schnell zu seinem Hundeführer bringen – über die verschiedensten Untergründe, eventuell durch Wasser, über Hindernisse, ohne dabei auf dem Dummy herumzuknautschen, es fallen zu lassen oder gegen ein anderes einzutauschen, an dem er vorbeikommt. Er soll sich mit dem Dummy im Maul vor seinen Hundeführer setzen, es ihm entgegenstrecken und es auf Anweisung hergeben, ohne sich vorher zu schütteln, falls er im Wasser war. Eine schöne Trainingsherausforderung!

Der Ursprung dieser Aufgabe lässt sich aus der jagdlichen Aufgabe erklären. Dort muss der Hund die Ente apportieren, darf nicht darauf herumbeißen, weil ihr Fleisch für die Menschen bestimmt ist, darf sie nicht loslassen, weil sie angeschossen sein und dann fliehen könnte, und auf direktem Wege, weil er die anderen Tiere im Jagdgebiet nicht unnötigerweise stören darf. Er soll sich vorsetzen und dem Jäger die Jagdbeute entgegenstrecken, damit er sie gut aufnehmen kann. Verständlicherweise möchte der Jäger bei einem Apport aus dem Wasser auch nicht nass gemacht werden von einem sich schüttelnden Hund, das heißt der Hund sollte die Ente vor dem Schütteln abgeben.

Laios apportiert die Ente zügig, ohne darauf herumzubeißen.

Nun zu den einzelnen Trainingsschritten:

Wie bereits gesagt verwenden Sie bitte jetzt noch keinen Dummy, sondern einen anderen länglichen Gegenstand, der sich gut zum Apportieren eignet. Der Apportiergegenstand sollte nur dieser Aufgabe vorbehalten sein. Sie sollten also beispielsweise kein Spielzeug dazu verwenden, das Sie auch nehmen, um mit dem Hund zu spielen. Sie können aber sehr wohl eines der vielen im Handel erhältlichen Spielzeuge für diese Übung nehmen, wenn

Sie es nur für diese Übung reservieren und nicht anderweitig verwenden. Sinnvoll im Hinblick auf die Wasserarbeit ist etwas Schwimmendes. Sie können aber durchaus auch unterschiedliche Apportiergegenstände haben, die Sie nur für diese Aufgabe verwenden.

Wir werden das Apportieren als Verhaltenskette von hinten aufbauen. Auch hier können wir wieder nur betonen: Lassen Sie sich bitte nicht dazu verleiten, einen Trainingsschritt tun zu wollen, bevor der vorhergehende abgeschlossen ist. Es ist ja so verlockend, dem Hund den Gegenstand zu werfen! Die meisten Hund rennen auch hinterher, aber dann entweder an dem Gegenstand vorbei oder sie nehmen ihn auf und laufen damit weg. Wenn das passiert, haben Sie gar nichts erreicht und müssen einiges an Zeit investieren, um diesen Fehler wieder auszubügeln. Und das Schlimmste ist – der Hund hat gelernt, dass er mit dem Gegenstand wegrennen kann. Und das sollte möglichst nie passieren. Also einen Schritt nach dem anderen!

Das Apportieren ist – im Gegensatz zu Verhaltensweisen wie dem Setzen oder Hinlegen – ein sehr komplexes Verhalten, das aus mehreren »Einzelteilen« besteht:

- Der Hund bleibt sitzen, während das Apportel geworfen wird.
- Er läuft auf Signal auf gerader Linie zum Apportel,
- nimmt es auf,
- dreht sich damit um
- und kommt auf direktem Wege schnell zu seinem Menschen zurück.
- Er setzt sich mit dem Apportel im Maul mit nach oben gestrecktem Kopf schön dicht vor und
- gibt es auf Signal in die Hand des Hundehalters.

Da haben wir also schon mal sieben unterschiedliche Verhaltensweisen. Man spricht deshalb von einer Verhaltenskette. Wir bauen nun die Kette von hinten auf, weil das zuerst Gelernte vom Hund in der Regel am besten behalten wird. Unser Ziel ist es, dass der Hund später den Apportiergegenstand sieht und nur ans Abgeben denkt. Daher wird das Abgeben als allererstes trainiert.

Ganz so geradlinig geht das natürlich nicht. Denn bevor der Hund etwas abgibt, muss er es ja im Maul haben. Allein aus diesen sich aus dem Ablauf ergebenden Tatsachen ist es also nötig, dass beim Apportieren zuerst das Aufnehmen und das Halten des Gegenstands geübt wird.

Schritt 1

Anschauen des Gegenstandes

Belohnen Sie den Hund einige Male dafür, dass er Interesse am Apportiergegenstand zeigt. Es reicht, wenn er ihn ansieht. Dazu stellen Sie sich mit dem Gegenstand in der Hand hinter Ihrem Rücken vor den Hund. Bauen

Schritt 1:
Andrea klickt zunächst schon, wenn Lisa zum Apportel schaut.

Schritt 2:
Als Nächstes muss sich Lisas Nase dem Apportel nähern.

Schritt 3:
Dann wartet Andrea mit dem Klick, bis die Nase das Apportel berührt.

Sie etwas Spannung auf, so als wollten Sie ihm gleich etwas sehr Aufregendes erzählen. Bewaffnen Sie sich schon mit Leckerchen, am besten legen Sie sie in greifbare Nähe. Falls Sie keinen Klicker verwenden, haben Sie noch eine Hand dafür frei. Passen Sie nun sehr gut auf! In dem Moment, in dem Sie den Apportiergegenstand hinter Ihrem Rücken hervornehmen, wird der Hund ihn mit ziemlich großer Wahrscheinlichkeit ansehen. Genau in diesem Moment klicken Sie oder sagen Ihr Markersignal und belohnen den Hund anschließend, wobei Sie gleichzeitig den Apportiergegenstand wieder hinter Ihren Rücken nehmen.

Am besten üben Sie den Ablauf erst einige Male ohne Hund, damit Ihnen die Bewegungen schon in Fleisch und Blut übergegangen sind, wenn Sie den Hund dazu nehmen. Das dauert gar nicht lange und hat den Vorteil, dass Sie sich anschließend voll auf Ihren Hund konzentrieren können.

Wiederholen Sie diesen Schritt so lange, bis der Hund schon anfängt, sich mit der Nase dem Gegenstand zu nähern. Das können Sie erreichen, indem Sie den Klick um Bruchteile einer Sekunde herauszögern. Dann und erst dann gehen Sie über zu Schritt 2.

Schritt 2

Annähern an den Gegenstand

Jetzt wird der Hund dafür belohnt, dass er sich mit seiner Schnauze dem Apportiergegenstand nähert, wenn Sie ihm diesen hinhalten. Gehen Sie noch genauso vor wie in Schritt 1. Achten Sie darauf, dass Sie wirklich genau in dem Moment klicken oder Ihr Markersignal geben, wenn sich der Hund nähert, nicht wenn er schon stoppt oder gar den Kopf schon wieder zurückzieht. Da ist also wieder das Timing entscheidend wichtig. Arbeiten Sie an diesem Schritt so lange, bis Ihr Hund mindestens zweimal den Apportiergegenstand berührt hat.

Verlangen Sie also in diesem 2. Schritt immer mehr Annäherung. Erst reicht ein Zentimeter, dann sollen es schon zwei sein, usw. Wenn Ihr Hund den Gegenstand berührt hat, gehen Sie weiter zu Schritt 3.

Schritt 3

Berühren des Gegenstandes

Belohnungskriterium in diesem Trainingsschritt ist eine Berührung des Apportiergegenstandes mit der Nase.

Gehen Sie immer noch so vor, dass Sie den Gegenstand hinter Ihrem Rücken halten, ihn dann dem Hund präsentieren und warten, dass er ihn berührt. Dann gibt es einen Klick bzw. das Markersignal und das Leckerchen, wobei Sie gleichzeitig den Gegenstand wieder hinter Ihren Rücken nehmen. Verlangen Sie in diesem Trainingsschritt sozusagen immer mehr Berührung, solange bis der Hund schließlich sein Maul öffnet und den Gegenstand zweimal andeutungsweise ins Maul nimmt.

Schritt 4: Lisa öffnet das Maul.

Schritt 5: Andreas Hand hält das Apportel, nach dem Lisa jetzt schon schön greift.

Schritt 4
Öffnen des Maules

In diesem Schritt belohnen Sie den Hund, sobald er sein Maul am Gegenstand öffnet. Zuerst öffnet er es nur ein wenig, im Laufe einiger Wiederholungen immer mehr, bis er schließlich den Gegenstand ganz ins Maul nimmt. Klicken und belohnen Sie augenblicklich, *bevor* er den Gegenstand wieder loslässt. Sonst waren Sie nämlich zu langsam und sollten sich die nächsten Durchgänge um mehr Geschwindigkeit bemühen.

Ihre Aufgabe ist es zu klicken, bzw. das Markersignal zu geben, bevor der Hund den Gegenstand wieder loslässt. Der Hund kann also gar keine Fehler machen, sondern nur Sie. Wenn Sie den Hund in zwei aufeinanderfolgenden Durchgängen dafür belohnen konnten, dass er den Gegenstand weit hinten in sein Maul nimmt, sind Sie bereit für Schritt 5.

Schritt 5
Gegenstand ins Maul nehmen

Jetzt beginnen Sie, das Halten zu belohnen. Der Übungsablauf ist immer noch der gleiche wie in den Schritten zuvor. Ihre Aufgabe ist es aber jetzt, den Klick bzw. das Markersignal um Bruchteile von Sekunden herauszuzögern. Oberstes Kriterium ist: Sie müssen weiter darauf achten, dass Sie den Hund belohnen, bevor er den Gegenstand loslässt. Sollte das doch passieren, sagen Sie nicht »nein« oder ähnliches, schimpfen Sie auch nicht mit Ihrem Hund, sondern ermahnen Sie sich selber, beim nächsten Durchgang schneller zu sein.

Während Sie den Klick oder das Markersignal herauszögern, halten Sie den Gegenstand immer noch mit Ihrer Hand fest. Können Sie den Klick bzw. das Markersignal so lange herauszögern, dass Sie schon »einundzwanzig« zählen können, sind Sie bereit für den nächsten Schritt. Nach dem Klick oder dem Markersignal darf der Hund den Gegenstand loslassen – beziehungsweise er muss es ja sogar, um seine Belohnung in Empfang zu nehmen. Das ist ganz in Ordnung. Nur der Klick bzw. Ihr Wort müssen im richtigen Moment kommen, nämlich dann, wenn der Hund den Gegenstand noch schön hält und auch noch nicht beabsichtigt, ihn jeden Moment loszulassen. Stellen Sie sich vor, Sie wollten den Hund mit dem Gegenstand im Maul fotografieren. Sie müssen so schnell auf den Auslöser drücken, dass Sie auch wirklich den richtigen Moment eingefangen haben und nicht später auf dem Foto schon sehen, wie der Gegenstand herausfällt. Und genau wie den Auslöser müssen Sie den Klicker betätigen.

Anmerkung: Dieser Trainingsschritt ist für ungeübte Trainer, deren Timing noch nicht ganz so gut ist, oft eine Herausforderung. Wichtig ist nämlich, dass Ihr Markersignal kommt, bevor der Hund den Gegenstand loslässt. Ja selbst wenn er schon ans loslassen denkt, käme Ihr Markersignal zu spät. Der Hund würde in einem solchen Fall lernen, den Gegenstand immer schneller herzugeben anstatt ihn zu halten. Versuchen Sie dann Ihr Timing zu verbessern. Im Notfall gehen Sie sofort zu Schritt 9 und üben an den Schritten 6 bis 8 erst weiter, wenn Sie beide mehr Übung haben.

Bei Hunden, die gar kein Interesse für irgendwelche Gegenstände zeigen, kann man anfangs auch Kauknochen zum Üben nehmen.

Schritt 6
Halten des Gegenstandes

Das, was Sie in Schritt 5 angefangen haben, gilt es nun auszubauen, bis Sie schön langsam zählen können »einundzwanzig, zweiundzwanzig, dreiundzwanzig«. Dazu sollten Sie die Anforderungen variabel gestalten, das bedeutet, dass Sie den Hund mal nach »einundzwanzig« belohnen, mal nach »einund ...«, mal nach »einundzwanzig, zweiund ...« , dann wieder nach »einundzwanzig«, dann nach »einundzwanzig, zweiundzwanzig«, usw. Immer noch ist aber Ihre oberste Aufgabe zu belohnen, bevor der Hund den Gegenstand loslässt. Und immer noch halten Sie den Gegenstand dabei an einer Seite fest.

Der Hund wird nach dem Klick oder Ihrem Markersignal das Maul aufmachen, um seine Leckerchen in Empfang zu nehmen. Das ist in Ordnung. Wichtig ist nur, dass das Markersignal genau im richtigen Moment kommt.

Schritt 7
Den Gegenstand kurz alleine halten

Jetzt sind Sie so weit, dass Sie in diesem Schritt den Gegenstand kurz loslassen können, wenn der Hund ihn ins Maul genommen hat. Entfernen Sie jedoch Ihre Hand noch nicht, sondern lassen Sie sie fast in der ursprünglichen Situation, nur eben nicht mehr halten. Klicken und belohnen Sie den Hund zunächst sofort, wenn Sie loslassen. Zögern Sie nun wieder die Zeit zunächst in Sekundenbruchteilen und anschließend in Sekunden variabel hinaus, bis Sie schön langsam wieder bis »dreiundzwanzig« zählen können. Gleichzeitig entfernen Sie Ihre Hand Zentimeter um Zentimeter, bis Sie

Schritt 7: Lisa hält den Gegenstand alleine, Andreas Hand bleibt in der Nähe.

beide Hände nahe Ihres Körpers halten können und der Hund seinen Apportiergegenstand dennoch schön festhält.

Schritt 8

Den Gegenstand ruhig halten

Das ist ein ganz entscheidender Trainingsschritt. Hier ist es Ihre Aufgabe, dem Hund den Gegenstand zunächst so zu präsentieren, dass er ihn gut nehmen kann und ihn dann zu belohnen, bevor er anfangen sollte, auf dem Ge-

Schritt 8: Spike hält den Gegenstand, Günter steht aufrecht.

genstand herumzukauen. Vielleicht ist das in Schritt 7 schon mal vorgekommen. Da arbeiteten Sie jedoch noch an anderen Kriterien. Jetzt ist aber das ruhige Halten das Kriterium, und das ist, wie schon gesagt, ein sehr wichtiges Kriterium. Bevor der Hund den Gegenstand nicht drei Sekunden ruhig alleine halten kann, sollten Sie nicht zum nächsten Schritt weitergehen.

Schritt 9

Den Gegenstand hergeben

Jetzt, wenn der Hund den Gegenstand schön halten kann, kommen wir zur eigentlich wichtigsten Aufgabe des Apportierens, nämlich den Gegenstand

Schritt 9: Spike gibt den Gegenstand her.

wieder herzugeben. Bisher hat der Hund das Apportel »zufällig« wieder hergegeben, weil er auf sein Leckerchen gewartet hat und die Übung ja nach dem Markersignal zu Ende war.

Und bisher wurde immer noch das Halten belohnt. Jetzt geht es aber darum, genau in dem Moment zu belohnen, wenn der Hund das Maul aufmacht, um das Apportel herzugeben. Zunächst sagen Sie dazu gar nichts, sondern warten einfach nur ab. Wahrscheinlich wird der Hund das Maul irgendwann aufmachen. Genau in dem Moment geben Sie jetzt Ihr Markersignal und belohnen den Hund. Halten Sie die Hand so, dass Sie den Gegenstand auch immer in die Hand bekommen. In diesem Trainingsschritt ist das noch Ihre Aufgabe.

Wiederholen Sie diesen Schritt so oft, bis der Hund Ihnen das Apportel sofort in die Hand gibt, wenn Sie sie hinhalten.

Schritt 10

Das Kommando zum Hergeben einführen

Wenn der Hund den Gegenstand gut hergibt, wird es Zeit, die entsprechende Vokabel für dieses Verhalten einzuführen. »Gib«, »Aus«, »Gib's her« wären Beispiele, je nachdem welche Kommandos der Hund schon kennt und eventuell verwechseln könnte. Da Sie das Hergeben ja jetzt schon einige Male geübt haben, können Sie recht sicher sein, dass der Hund das Apportel abgeben wird, wenn Sie die Hand hinhalten. Halten Sie ihm die Hand ab jetzt nur noch zusammen mit der entsprechenden Vokabel hin.

Lassen Sie den Hund in diesem Schritt die Vokabel lernen, indem Sie die Übung mindestens zwanzig Mal wiederholen. Das muss nicht am Stück sein. Für die meisten Hunde wäre das zu viel. Aber insgesamt, bevor Sie weitergehen, sollten Sie schon diese Anzahl erreicht haben.

Es bietet sich das Führen eines Trainingstagebuchs an, so dass man immer weiß, wo man sich im Training befindet.

Schritt 11

Den Gegenstand vom Boden aufnehmen und hergeben

In diesem Schritt geben Sie dem Hund das Apportel zum ersten Mal nicht mehr ins Maul, sondern legen es auf den Boden. Gleichzeitig halten Sie ihm auffordernd die Hand hin. Sagen Sie nichts dazu, denn Sie sind sich ja noch nicht sicher, ob der Hund auch entsprechend reagieren wird. Nach dem bisherigen Übungsaufbau sollte der Hund aber schon die Verknüpfung hergestellt haben, dass das Apportel in Ihre Hand gehört. Entscheidet er sich das erste Mal richtig, gibt es natürlich einen Jackpot! Sie können dem Hund helfen, indem Sie ihre Hand näher an den Gegenstand bringen. Sind Sie sicher, dass der Hund den Gegenstand in die Hand gibt, geben Sie das Kommando dazu.

Wiederholen Sie diesen Schritt so lange, bis der Hund Ihnen das Apportel in die Hand geben kann, wenn Sie dabei aufrecht stehen. Das gilt natürlich nur für Hunde entsprechender Größe. Bei kleinen Hunden dürfen Sie sich natürlich auch bücken.

Spike nimmt den Gegenstand vom Boden auf und gibt ihn Günter in die Hand.

Schritt 12
Den Gegenstand unterschiedlich lange halten
Variieren Sie nun die Zeit, die der Hund den Gegenstand halten soll, bevor Sie ihm das Signal zum Hergeben geben. Gehen Sie dabei sehr behutsam vor und achten Sie darauf, dass Sie dem Hund das Signal geben, bevor er den Gegenstand fallen lässt oder anfängt, darauf herumzukauen. Sie sollten die Zeit variabel im Durchschnitt auf drei Sekunden ausdehnen können.

Schritt 13
Mit dem Gegenstand vorsitzen, halten und hergeben
Hat der Hund im vorherigen Schritt gelernt, das Apportel auch etwas länger zu halten, haben Sie sich damit die Zeit verschafft, um vom Hund jetzt zu verlangen, dass er mit dem Apportel noch schön vorsitzt. Vielleicht hat Ihr Hund das ja schon automatisch gemacht. Dann können Sie diesen Schritt überspringen oder das Vorsitzen noch verfeinern, indem Sie ihm beibringen, dass er sich ganz dicht vorsetzen soll. Belohnen Sie also mit umso besseren Leckerchen, je dichter der Hund vorsitzt. Ist er zu weit weg, belohnen Sie ihn nur noch mit Stimme, wenn er sitzt. So wird er lernen, dass es sich mehr lohnt, ganz dicht zu Ihnen heranzukommen.

Anmerkung: Das Sich-Hinsetzen mit Gegenstand im Maul fällt vielen Hunden sehr schwer. Das kommt daher, dass die ganze Körperwahrnehmung verändert ist, wenn er etwas im Maul hält. Oft ist es sinnvoll, dem Hund zunächst zu zeigen, dass er sich auch mit etwas im Maul gut bewegen kann. Dafür können Sie ihn über am Boden liegende Stangen gehen lassen, dann über eine am Boden liegende Leiter oder über einen Laufsteg. Irgendwann wird er dann auch mit dem Gegenstand im Maul sitzen können. Haben Sie Geduld.

Spike sitzt vor und gibt ab.

Schritt 14
Kommen und Vorsitzen
In diesem Schritt geben Sie dem Hund das Apportel ins Maul und bewegen sich einige Schritte rückwärts. Ermun-

Schritt 14: Spike kommt mit dem Gegenstand auf Günter zu.

tern Sie ihn, mitzukommen. Dann bleiben Sie stehen, lassen ihn vorsitzen und das Apportel hergeben. Legen Sie in diesem Schritt besonderen Wert darauf, dass der Hund das Apportel ruhig trägt. Je nach Leistung wählen Sie die Schritte, die Ihnen der Hund mit dem Apportel im Maul folgen soll. Das bedeutet: Trägt er das Apportel schön ruhig, können Sie mehr Schritte machen, als wenn er doch dazu neigt, darauf herumzuspielen. Dann sollten Sie den Gegenstand abgeben lassen, bevor der Hund zu spielen anfängt – wann immer das sein wird, und wenn es nach einem halben Schritt ist. Ihre Aufgabe ist es in dem Fall, die Anzahl der Schritte ganz allmählich zu vergrößern, bis der Hund Ihnen etwa sechs Schritte folgen kann und das Apportel dabei ruhig trägt.

Schritt 15

Aufnehmen, Kommen und Vorsitzen

Lassen Sie den Hund warten, während Sie ihm das Apportel vorlegen und einige Schritte rückwärts gehen. Ermuntern Sie nun den Hund, den Gegenstand aufzunehmen, zu kommen und ihn vorschriftsmäßig abzugeben. Üben Sie diesen Schritt solange, bis der Hund 15 Schritte zu Ihnen gehen muss.

Schritt 15: Spike nimmt das Apportel alleine auf.

Schritt 16
Laufen, Aufnehmen, Kommen und Vorsitzen

Jetzt erst lassen wir den Hund wirklich zum Apportel hinlaufen und apportieren. Dafür sollten Sie den Gegenstand jedoch auslegen, während der Hund am Ausgangspunkt wartet oder angebunden ist. Er soll zusehen, wo Sie den Gegenstand hinlegen. Sinn dieses Trainingsschrittes ist es, dass der Hund von

Schritt 16: Lisa läuft motiviert zum Gegenstand.

Schritt 17: Julie sitzt, während Jacqueline ihr das Apportel wirft.

Anfang an lernt, dass er auf Ihr Signal warten soll, bevor er zum Apportel laufen darf. Beginnen Sie mit einem kleinen Abstand und steigern Sie den Abstand im Laufe der Wiederholungen auf 20 Schritte.

Schritt 17

Sitzen, wenn der Gegenstand geworfen wird

Besonders für sehr apportierfreudige Hunde ist dieser Schritt wichtig und auch sehr schwierig, sofern er nicht behutsam aufgebaut wird. Im Prinzip führen Sie jetzt mit Ihrem Hund eine Sitz-Bleib-Übung durch, während zunächst ein Helfer Gegenstände durch die Gegend wirft. Die Übung sollte so aufgebaut werden, dass der Hund immer Erfolg hat. Wählen Sie also den Abstand entsprechend. Im Laufe der Wiederholungen sollten Sie das Apportel des Hundes werfen können, wobei er dabei ohne Leine sitzt und abwartet. Lassen Sie den Hund in diesem Schritt noch nicht zum Apportel laufen, sondern belohnen Sie ihn anders. Wir wollen nämlich sehr festigen, dass er wirklich sitzen bleibt, auch wenn etwas sehr Begehrtes durch die Luft fliegt.

Schritt 18

Die vollständige Verhaltenskette

Erst jetzt wird die ganze Verhaltenskette zusammengesetzt. Sie lassen den Hund neben sich absitzen, werfen das Apportel und schicken ihn los zum Apportieren. Sollte der Hund auch nur einmal »einspringen«, das heißt nicht ordentlich sitzen bleiben, wiederholen Sie dringend Schritt 17.

Für Hunde, die nicht sehr sicher im Sitzen sind, empfiehlt es sich sowieso, diesen Schritt immer wieder zu praktizieren.

Schritt 19

Training an verschiedenen Orten

Diese vollständige Verhaltenskette des Apportierens gilt es jetzt an allen möglichen Orten zu üben. Üben Sie auf verschiedenen Untergründen, Wiese, Acker, Schotter usw., so dass es in dieser Hinsicht nichts gibt, was Ihren Hund aus dem Rhythmus bringen kann.

Schritt 20

Training über Hindernisse

Der Hund soll mit der Zeit auch lernen, über Hindernisse zu apportieren. Gut geeignet für den Anfang sind Gräben oder niedrige Mauern oder Zäune, an denen er nicht vorbeilaufen kann. Er soll nämlich auf direktem Weg zum Apportel laufen und auch auf direktem Weg wieder zurück. Haben Sie eine Umgebung, wo Sie das üben können oder bietet Ihr Hund das von sich aus schon gut an, können Sie das Apportieren über Hindernisse trainieren.

Sonst trainieren Sie mit ihm das Überspringen von Hindernissen, ohne dass er dabei apportiert, damit er immer sicherer darin wird und verlangen erst später beides zusammen.

Nuja übt den Sprung über das Hindernis erst ohne Apportel.

Alternativmöglichkeit zum Lernen des Apportierens: Das freie Formen

Eine weitere Möglichkeit, dem Hund das Apportieren beizubringen, ist über das freie Formen.

Sie legen ihm den Apportiergegenstand hin und belohnen jede Aktion des Hundes, die in Richtung »Apportieren« geht. Er guckt zum Gegenstand, er nähert sich ihm, er nimmt ihn ins Maul, er hebt ihn hoch, er nähert sich mit dem Gegenstand Ihrer Hand und gibt ihn dort ab.

Dann machen Sie weiter bei Schritt 10 des vorherigen Aufbaus. Diese Art des Vorgehens erfordert etwas mehr Geduld, weil man den Hund einfach nur beobachtet und ihm in keiner Weise hilft. Der Vorteil ist, dass das Timing etwas leichter ist, weil man mehr Zeit dafür hat, während der Hund den Gegenstand anhebt. Dennoch muss das Timing natürlich stimmen. Belohnt man versehentlich das Falsche, führt das nur zu Frust bei Hund und Mensch.

Damon lernt übers freie Formen, das Dummy in die Hand zu geben.

Das Einweisen

Das Einweisen hat ursprünglich in der Jagd den Zweck, dass der Hundeführer den Hund gezielt an einen bestimmten Platz schicken kann, von dem er weiß, dass dort eine Ente gefallen ist.

Dazu muss sich der Hund in gerader Richtung vom Hundeführer wegschicken lassen. Er muss sich stoppen, nach links oder rechts oder auch noch weiter geradeaus schicken lassen. Dann muss er auf Signal die Nase einsetzen, um in seiner unmittelbaren Umgebung die Ente zu finden und dem Hundeführer zurückzubringen. Das Ganze sollte zusätzlich noch in allen möglichen Geländen beherrscht werden und auch unter zum Teil extremer Ablenkung, weil in unmittelbarer Nähe vielleicht noch geschossen wird, andere Enten fallen und so weiter. Auch die Entfernung, unter der die Hunde arbeiten müssen, ist beachtlich und kann durchaus zweihundert Meter und mehr betragen.

Das hieße zum Beispiel: Der Hund wird zweihundert Meter weit zu einer bestimmten Stelle im Gelände vorausgeschickt. Dann wird er gestoppt. Der Hundehalter stellt fest, dass der Hund noch von seiner gedachten Stelle entfernt ist, schickt ihn also noch 20 Meter nach links und anschließend noch 10 Meter weiter geradeaus, wo er dann suchen soll.

Beim Einweisen ist also ein Höchstmaß an Verständigung und Kommunikation zwischen Hund und Hundehalter gefragt, eine sehr spannende Trainingsaufgabe! Auch diesen Teil der Dummyarbeit werden wir wieder Schritt für Schritt aufbauen.

Wir arbeiten also jetzt an der zweiten Säule, die später einmal unsere beeindruckende Spitze tragen soll.

Auch hier wird zunächst kein Dummy im Training verwendet. Hier geht es darum, dem Hund unterschiedliche Kommandos beizubringen und diese möglichst gut zu festigen, bevor sie später in der eigentlichen Arbeit mit den Dummys eingesetzt werden.

Wir erklären immer, dass es für jede Sache, die wir dem Hund beibringen wollen, tausend Wege gibt, die zum Ziel führen. Fünfhundert davon können wir gleich weglassen, weil sie auf Zwang oder Schlimmerem beruhen. Dann bleiben immer noch fünfhundert. Von diesen Möglichkeiten werden wir hier die ein oder andere vorstellen. Wir beschränken uns dabei auf die, die bei den meisten Mensch-Hund-Teams am schnellsten zum Erfolg führen. Das heißt jedoch nicht, dass es nicht noch viele andere Möglichkeiten gibt!

WELCHE SIGNALE?

Außer der vielen Trainingsmöglichkeiten gibt es auch mehrere Möglichkeiten, was man überhaupt trainieren will. Was genau soll der Hund machen, wenn Sie welches Signal geben? Wir werden ein Trainingsziel den jeweiligen Aufgaben voranstellen. Für Ihr eigenes Training müssten Sie sich überlegen, ob Ihr Trainingsziel mit unserem Beispiel übereinstimmt, und wenn nicht, den Trainingsplan entsprechend abändern. Leider gibt es nämlich keine perfekte Variante. Alles hat seine Vor- und Nachteile. Das werden wir uns jetzt anhand der Signale genauer ansehen. Es lohnt nämlich, sich darüber schon vor dem Training mit dem Hund Gedanken zu machen. Sonst ärgert man sich unter Umständen später, weil eine andere Variante für einen selbst günstiger wäre, man dummerweise aber dem Hund schon etwas anderes beigebracht hat.

Auch die Farbe Ihrer Kleidung spielt im Training eine Rolle: Wer ist besser für den Hund sichtbar?

Hand- bzw. Körpersignale

Sie haben den Vorteil, dass der Hund sie in der Regel am schnellsten lernt, weil er ein Meister im Lesen der Körpersprache ist. Achtet man etwas auf die Art des Signals und auf seine Kleidung im Zusammenhang mit dem Hintergrund, können Handsignale vom Hund auf große Entfernung wahrgenommen werden. Auf den Fotos sehen Sie Beispiele von guten und schlechten Signalen.

Ein großer Nachteil von Handsignalen ist, dass der Hund seinen Hundehalter auch sehen muss, um solche Signale zu erkennen. Das klingt zwar zunächst logisch. Je nach Aufgabe kann es aber sein, dass er mit seiner Aufmerksamkeit ganz woanders ist. Dann hat man es mit Hand- bzw. Körpersignalen etwas schwer.

Zwar hat ein Hund ein viel größeres Sichtfeld als wir Menschen, nämlich immerhin von 240°. Selbst wenn er nach vorne sieht, kann er teilweise noch erkennen, was wir hinter ihm machen.

Trotzdem kann es manchmal schwierig sein, seine Aufmerksamkeit auf das Signal zu lenken – auch wenn er es erkennen könnte, wenn er wollte!

Wortsignale

Wortsignale sind vom Hund deutlich schwieriger zu erlernen. Hunde haben keine gesprochene Sprache, dementsprechend müssen sie sich an ein ganz neues Kommunikationssystem gewöhnen. Hinzu kommt noch, dass es eines gewissen Könnens von Seiten des Hundeführers bedarf, damit der Hund Wortsignale überhaupt lernen kann. Leider sieht es häufig so aus, dass die Hunde verstehen, was ihr Mensch will, *obwohl* und nicht *weil* er Worte gebraucht. Wortsignale haben außerdem den Nachteil, dass sie über große Entfernungen oder bei entsprechender Windrichtung nicht vom Hund zu verstehen sind.

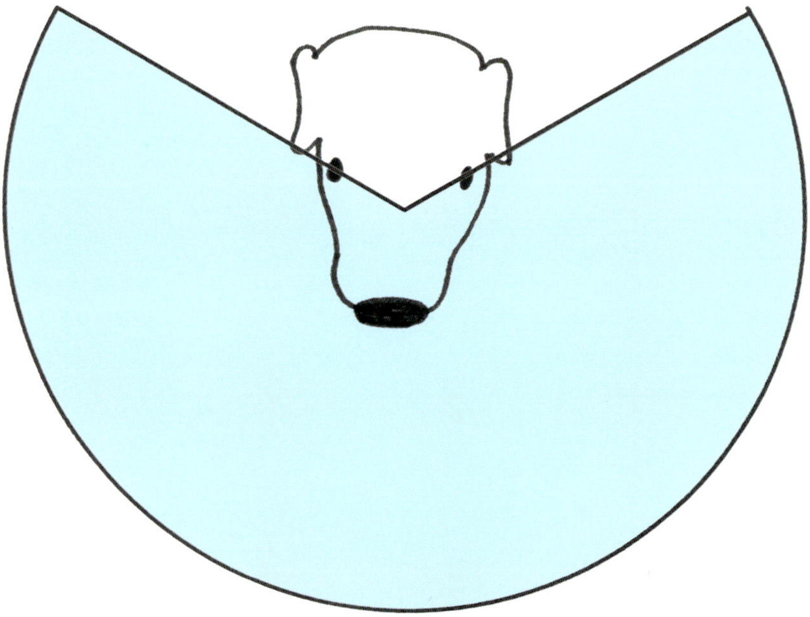

Das Gesichtsfeld des Hundes.

Dagegen haben Worte für uns Menschen den großen Vorteil, dass sie uns sehr leicht über die Lippen kommen und wir sie nicht extra lernen müssen.

Pfeifsignale

Pfeifsignale dagegen muss man zuerst lernen. Je nach Art der Pfeife gehört nämlich schon einiges Geschick dazu, den richtigen Ton zu produzieren. Auf dem Bild sehen Sie eine Auswahl der für das Training üblichen Pfeifen.

Pfeifsignale haben aber auch eine Reihe ganz bedeutender Vorteile. Sie sind über große Entfernung zu hören. Es wird immer gesagt, dass sie das Wild weniger stören als die menschliche Stimme. Am wichtigsten ist aber, dass man mit einem Pfeifsignal am einfachsten die Aufmerksamkeit des Hundes erringen kann. Selbst wenn er mit etwas anderem beschäftigt ist, dringt ein Pfeifsignal (bei entsprechendem Training) bis zu ihm vor. Ein großer Nachteil der Pfeife ist jedoch wieder, dass man sie immer dabei haben muss, es sei denn, man kann gut auf den Fingern pfeifen.

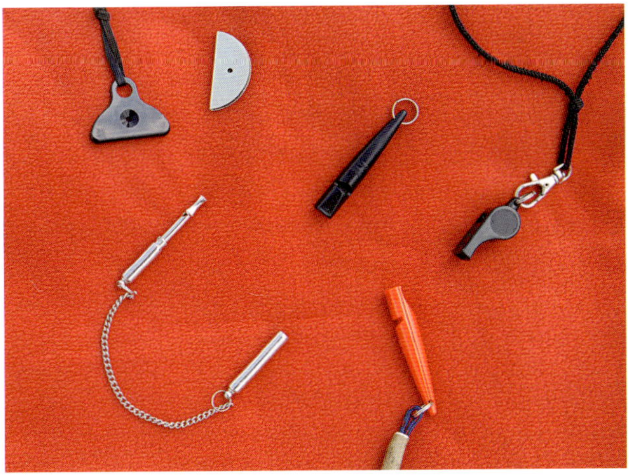

Verschiedene Pfeifen.

Sie sehen also, es ist gar nicht so einfach, sich für ein Signal zu entscheiden, weil jedes seine Vor- und Nachteile hat. Wir finden es optimal, wenn die Hunde drei verschiedene Signale für ein Verhalten erlernen. Dann kann man je nach Situation entsprechend wählen. Das setzt jedoch voraus, dass man sich diese Mühe im Training macht.

Im Folgenden werden wir bei den jeweiligen Trainingszielen die gebräuchlichsten Signale vorstellen. Noch einmal: Das perfekte Signal gibt es nicht. Sie müssen sich letztendlich für eines oder mehrere entscheiden und sie dem Hund entsprechend verständlich beibringen.

Allgemeines zum Einführen der Signale

Auch hier gilt die schöne Regel: Wir führen ein Signal (oder ein Kommando) erst dann ein, wenn wir hundert Euro darauf verwetten würden, dass der Hund das gewünschte Verhalten auch ausführt.

Da muss der Mensch also umlernen! Wir geben dem Hund zunächst nicht das Signal, damit er ein bestimmtes Verhalten zeigt, sondern wir trainieren ihn als erstes, ein Verhalten zu zeigen und geben erst dann das entsprechende Signal dazu. Damit erreichen wir, dass der Hund mit dem Signal auch das richtige Verhalten verknüpft. Bei ungenauem Training kann der Hund alles Mögliche mit einem Signal verknüpfen.

Zeigt er später entsprechend falsches Verhalten, wird dieser Fehler meist dem Hund angelastet. In Wirklichkeit war es aber der Trainer, der unsauber gearbeitet hat.

Ein Beispiel aus dem Rechts-/Linksschicken: Es wird dem Hund sowohl rechts als auch links eine Belohnung hingelegt (genauer Trainingsaufbau siehe Seite 50). Der Trainer schickt den Hund nach rechts. Der Hund war aber mit seiner Aufmerksamkeit bei der linken Belohnung, läuft dahin und nimmt sie sich. Für dieses Mal verknüpft er also: Ich laufe nach links, wenn mein Hundeführer mir bestimmte Signale gibt und werde belohnt. Dummerweise bedeuteten die Signale für den Hundeführer aber: Laufe nach rechts.

Da wir dem Hund gemachte Fehler nicht erklären können, liegt es an uns, die Aufgabe so aufzubauen, dass er eben keine Fehler macht. Denken Sie immer an die Prinzipien des Ampeltrainings (siehe Seite 19). Wenn Sie sich daran halten, kann eigentlich nichts schief gehen.

VORAUSSCHICKEN

Trainingsziel dieser Übung ist es, dass Ihr Hund sich auf ein bestimmtes Signal von Ihnen in eine vorgegebene Richtung in gerader Linie vorausschicken lässt.

Er soll dabei so lange in zügigem Tempo laufen, bis er von Ihnen ein anderes Signal bekommt. Das kann bis zu großen Entfernungen trainiert werden (200 Meter und mehr). Er soll dabei auch über unterschiedliche Geländevariationen laufen und eventuelle Hindernisse – einschließlich Wasser – überwinden können.

Um zu verstehen, was der Hund dabei leisten muss, nehmen Sie sich mal einen menschlichen Partner und schicken ihn aus ziemlicher Entfernung nur mit Ihrer Körpersprache auf

Gisela schickt Nelli auf ein Ziel in der Ferne voraus.

ein bestimmtes Auto auf einem Parkplatz. Sagen Sie nichts. Beobachten Sie sich dabei.

Wie gehen Sie vor, um erfolgreich zu sein? Welche Schwierigkeiten hat Ihr »menschlicher Hund«?

Lassen Sie sich auch selber mal schicken. Sie werden sehen, es ist gar nicht so einfach.

Den Hund über weite Strecken gerade vorauszuschicken, ist eine große Trainingsherausforderung. Das ist eine der schwierigsten Übungen beim Einweisen, die entsprechend sorgfältiges und geduldiges Vorgehen verlangt.

Vorgeschlagene Signale

Für diese Übung eignet sich ein Wortsignal, wie z. B. »Voraus«, weil der Hund ja unmittelbar neben Ihnen startet, dieses Signal also nicht auf weite Entfernung verstanden werden muss. Das gebräuchlichste Signal ist die Körpersprache, weil man damit dem Hund über die Ausrichtung des Körpers und beispielsweise die Armhaltung die exakte Richtung vorgeben kann. Es bietet sich an, mit Hilfe der Körpersprache dem Hund die Richtung anzugeben und ihn mit dem Wortsignal starten zu lassen. Sie müssen beachten, dass der Hund in die Richtung läuft, in die er schaut. Es ist daher wichtig, dass Sie sich darin üben, seinen Blick zu steuern, wie wir im folgenden zeigen werden.

Bei der Arbeit mit Leckerchen muss darauf geachtet werden, dass sie offensichtlich liegen, vielleicht auf einer Unterlage oder in einer Schüssel, damit der Hund sie sofort sieht, wenn er da ist und nicht erst herumsucht. Das Vorausschicken soll er nämlich nicht mit Schnüffeln verbinden, weil das eine eigene Aufgabe ist. Wir nehmen als Target als ein Beispiel einen Targetstab. Stattdessen können aber auch die anderen Varianten gewählt werden. Man kann den Hund eben auch direkt zur Futterbelohnung oder zum Spielzeug laufen lassen. Dabei kann dieser erste Schritt dann über-

Ein mögliches Startritual fürs Voraus.

Hier nun die einzelnen Trainingsschritte

Schritt 1

Auftrainieren eines Targets

Der Target ist für den Hund der Zielpunkt, zu dem er laufen soll. Das kann ein Leckerchen sein, ein Spielzeug, seine Leine oder ein beliebiger anderer Gegenstand, zu dem der Hund hinlaufen lernt.

sprungen werden. Die Arbeit mit Target hat aber den Vorteil, dass das eine Hilfe ist, die man sehr gut abbauen kann, was mit Leckerchen oder Spielzeug entsprechend schwierig ist.

Sie halten dem Hund also den Target hin, geben das Markersignal, sobald der Hund ihn anguckt und sofort anschließend die Belohnung. Während der Hund die Belohnung aufnimmt, nehmen Sie den Target kurz aus der Sicht des Hundes. Hat der Hund sein Leckerchen verspeist, halten Sie den Target wieder hin und wiederholen das Ganze. Haben Sie den Hund einige Male dafür belohnt, dass er den Target angesehen hat, zögern Sie als Nächstes das Markersignal etwas heraus und warten Sie ab, ob der Hund sich dem Target nähert. Sobald er das ansatzweise macht, gibt es sofort Markersignal und Belohnung.

Beim nächsten Mal verlangen Sie, dass der Hund den Target mit der Nase berührt. »Verlangen« ist eigentlich der falsche Ausdruck, denn das könnte wieder dazu verleiten, dass Sie dem Hund sagen, was er tun soll. Sie sollen aber einfach nur abwarten. Das einzige, was Sie tun, ist, den Hund zu beobachten und ihn nicht schon belohnen, wenn er den Target nur ansieht, sondern abwarten, was er sonst noch tut. In den allermeisten Fällen wird sich der Hund dem Target nähern und daran schnüffeln. Da haben Sie also die Berührung und können sie belohnen! Bis jetzt haben Sie den Target immer noch mehr oder weniger in der gleichen Position gehalten. Hat der Hund ihn jetzt einige Male berührt, fangen Sie an, den Target etwas in der Position zu verändern. Mal halten Sie ihn etwas höher, mal tiefer, mal rechts, mal links. Fangen Sie mit wenigen Zentimetern an und steigern Sie so, dass der Hund auch einige Schritte gehen muss, um den Target zu erreichen. Wenn Sie das geschafft haben, können Sie den Target für die Voraus-Übung verwenden.

Julie lernt das Target zu berühren.

Schritt 2
Die ersten Schritte von Ihnen weg

Setzten Sie den Hund ab und stecken Sie den Target in zwei Schritten Entfernung in den Boden. Dann gehen Sie zum Hund zurück, so dass Sie an seiner rechten Seite stehen, der Hund also links von Ihnen in der Bei-Fuß-Position sitzt. Beugen Sie sich jetzt gerade in Richtung des Targets. Ihren linken Arm halten Sie entlang des Hundekopfes und zeigen damit genau in die Richtung des Targets. Mit »Voraus!« schicken Sie ihn los. Klick bzw. Markersignal, sobald der Hund den Target berührt und große Freude und Belohnung.

Wir haben also jetzt das Signal schon eingeführt, sowohl das Ritual mit der Körpersprache als auch das Wortkommando zum Losschicken. In den allermeisten Fällen kann man das auch schon machen, weil der Hund ziemlich sicher den Target berühren wird. Sollte das nicht der Fall sein, muss bei Ihnen sofort die rote Lampe angehen! Üben Sie diesen Trainingsschritt so lange, bis der Hund sicher zum Target geht und ihn berührt. Erst dann führen Sie die Signale ein.

Julie läuft zum Target.

Anmerkung: Sehen Sie die von uns verwendeten Signale als Vorschläge. Sie können gerne andere verwenden. Anstelle des Targets können Sie auch Futter oder Spielzeug verwenden. Der Übungsaufbau ist der gleiche.

Schritt 3
Entfernung aufbauen

Berührt der Hund nun also sicher den in zwei Schritten Entfernung stehenden Target bzw. läuft zu einem anderen Motivationsobjekt, falls Sie nicht mit Target arbeiten, gilt es, die Strecke zu vergrößern.

Dabei müssen Sie als Trainer folgendes beachten: Vergrößern Sie die Strecke bitte immer nur im Durchschnitt. Bauen Sie das Training also nicht so auf, dass der Hund erst zwei, dann vier, dann sechs, dann acht Schritte usw. laufen muss, bevor er am Target ist. Das kann dem Hund den Spaß an der Übung nehmen, weil er mit jedem Durchgang auch lernt, dass es immer schwieriger wird. Vergrößern Sie die Entfernung stattdessen lieber variabel. Kann der Hund zwei Schritte zum Target laufen, verlangen Sie als nächstes drei, dann einen, dann zwei, dann vier, dann drei, dann drei, dann zwei, dann vier, dann einen, dann drei und so weiter. Sie steigern die Entfernung eben nur im Durchschnitt. Das hat den Vorteil, dass der Hund nie weiß, was ihn erwartet. Das ist für ihn viel spannender und damit motivierender. Bauen Sie die Entfernung zunächst auf diese Art und Weise bis auf zehn Meter aus. Klicken und belohnen Sie augenblicklich, sobald der Hund den Target berührt.

Wir führen an dieser Stelle ein neues Hilfsmittel ein, das dem Hund später hilft, sich ein Bild in der Entfernung einzuprägen: Wir nehmen dafür eine blaue Pylone. Es könnte auch eine blaue Fahne sein. Oder auch beides. Blau ist für den Hund deutlich sichtbar. Hunde sehen die Farben anders als wir. Rot und Orange sind für sie im Grün der Natur schwierig zu unterscheiden. Positionieren Sie also ab jetzt beim Einweisen immer diese blaue Sichthilfe unmittelbar beim Target oder bei Spielzeug oder Leckerchenschüssel.

Wichtig: Die Pylone ist kein Target! Der Hund soll also mit ihr nichts machen, sondern sie sich nur als Sichthilfe angewöhnen.

Schritt 4

Das Laufen belohnen

Steigern Sie in diesem Schritt die Entfernung bis zum Motivationsobjekt im Durchschnitt bis auf fünfzehn Meter. Im Durchschnitt jedes zweite Mal klicken Sie jetzt schon während des

Legt man mehrere Spielsachen an die Pylone, erspart man sich das Hin- und Herlaufen. Der Hund lernt mit der Zeit, sich zügig eins zu nehmen und zurückzukommen.

Laufens und nicht erst dann, wenn der Hund den Target berührt. Schließlich soll »Voraus« zusammen mit unserem Körpersprachen-Ritual heißen »lauf voraus« und nicht »berühre den Target« oder »nimm dir das Leckerchen«, was der Hund bis zu dem Punkt wahrscheinlich noch glaubt. Stoppt er nach dem Klick und will seine Belohnung haben, ist das in Ordnung. Es bietet sich an, ihm die Belohnung zuzuwerfen, falls er noch nicht zu weit entfernt ist, oder sie sogar noch deutlich weiter nach vorne zu werfen. Sonst wird der Hund wahrscheinlich mit der Zeit immer langsamer werden, weil es ja sinnlos ist, zu schnell von Ihnen wegzulaufen, wenn er anschließend wieder zurücklaufen muss, um sich seine Belohnung abzuholen. Es bietet sich auch ein Helfer an, der dann in der Nähe des Hundes steht und ihm die Belohnung zuwirft, damit er nicht zu seinem Menschen zurückläuft.

Schritt 5
Entfernung aufbauen

Steigern Sie nun variabel die Entfernung. Belohnen Sie den Hund manchmal, wenn er beim Ziel ankommt und manchmal schon den Lauf dahin, besonders dann, wenn er besonders schön und schnell geradeaus läuft. Es ist nicht schlimm, wenn er nach dem Markersignal den Lauf abbricht, denn er wurde ja im richtigen Moment belohnt und wird sich das schon merken.

Steigern Sie die Entfernung auf hundert Meter oder mehr, je nachdem, wie groß Ihre Geduld ist und wie gut der Hund sich von Ihnen lösen kann. Manchen Hunden fällt diese Aufgabe sehr schwer. Da ist es extrem wichtig, dass Sie die Übungen immer so aufbauen, dass der Hund Erfolg hat, damit er immer mehr Vertrauen entwickeln kann. Es bietet sich an, dass Sie zum Aufbauen der Entfernung das Ziel immer an derselben Stelle lassen, aber den Startpunkt nach hinten verlegen. Das ist einfacher als umgekehrt und vermeidet den eventuellen Fehler, dass der Hund an einer Stelle stoppt, an der zuvor das Motivationsobjekt gelegen hatte.

Einen normalen Klicker hören die Hunde in der Regel auch auf größere Entfernung noch. Mit einem Lobwort als Markersignal ist das schon schwieriger. Wenn Sie allerdings im entscheidenden Moment so richtig »ausflippen«, ist das auch ein gutes Markersignal, was der Hund auch auf Entfernung noch gut wahrnehmen kann.

Schritt 6
Unterschiedliche Untergründe

Trainieren Sie nun gezielt unterschiedliche Untergründe. Arbeiten Sie in höherem Gras oder auch auf einem Acker. (Es empfiehlt sich immer, den Eigentümer um Erlaubnis zu fragen. Wir haben noch nicht erlebt, dass einer was dagegen hätte, wenn man nicht gerade in einer frischen Ansaat trainieren will.)

Trainieren Sie auch die Übergänge von unterschiedlichen Geländearten.

Schritt 6: Jacqueline übt mit Romeo das Vorausschicken an unterschiedlichen Orten.

Manche Hunde finden das sehr schwierig. Erfolgreich ist die Übung immer dann, wenn der Hund auf gerader Linie in gutem Tempo zu seinem Ziel läuft.

Sollte das nicht der Fall sein, ist die Aufgabe zu schwer und Sie sollten lieben noch einmal ein paar Trainingsschritte zurückgehen.

Schritt 7

Voraus mit Stoppen am Ziel

Verkürzen Sie für diesen Trainingsschritt die Entfernung wieder auf etwa zehn Meter. In diesem Übungsabschnitt stoppen Sie den Hund am Ziel, bevor er sein Markersignal und die Belohnung bekommt.

Sollte Futter das Ziel sein, sollten Sie ihn erst fressen lassen und ihm dann das entsprechende Signal geben. Dazu braucht er noch nicht unbedingt den Stopppfiff zu können. Geben Sie ihm einfach das Signal zum »Sitz«, wenn er das Ziel erreicht hat.

Zur Not können Sie sich ihm auch etwas nähern, damit er das Kommando sicher ausführt.

Um weiterzukommen, sollten Sie aber anschließend erst den Stopppfiff trainieren und diesen Schritt dann mit Pfiff wiederholen.

Schritt 7: Julie muss jetzt am Target sitzen, bevor sie belohnt wird.

Schritt 8
Voraus mit Stoppen
Diesen Schritt können Sie erst dann trainieren, wenn Sie das Stoppsignal schon unter großer Ablenkung geübt haben (siehe Seite 50). Jetzt werden beide Übungen kombiniert. Sie bauen wieder Ihr Ziel, die blaue Pylone oder Fahne, auf. Am besten arbeiten Sie in diesem Schritt mit einer Hilfsperson, die in der Nähe des Ziels wartet und »nachladen« kann, wenn Sie mit Leckerchen oder Spielzeug arbeiten.

Sie schicken den Hund nun einige Male mit »Voraus« und entsprechendem Körperritual zu dem Ziel und geben das Markersignal, kurz bevor er es erreicht. Je nach Entfernung kann die Hilfsperson die Belohnung in gerader Linie vor den Hund werfen, damit sein Tempo nicht verlangsamt wird.

So ungefähr einmal von fünf Wiederholungen geben Sie dem Hund jetzt während des Laufens den Stopppfiff. Setzt er sich hin, gibt es natürlich eine große Party. Das wird ganz besonders belohnt! Machen Sie das aber nicht zu oft und auch nicht immer an derselben Stelle.

Wenn Sie merken, dass der Hund das Stoppsignal schon erwartet, haben Sie es zu oft verlangt. Stoppt er nicht und läuft einfach durch, war die Übung noch zu schwer. Sie sollten also einige Schritte zurück gehen. Da am Ziel, also an der Pylone, keine Belohnung ist, hat der Hund automatisch einen Misserfolg.

STOPPEN
Auf dieses Signal hin soll der Hund sich aus vollem Lauf auch unter größter Ablenkung stoppen lassen und sich mit Blickrichtung auf den Hundehalter hinsetzen und so lange sitzen bleiben, bis er entweder belohnt wird oder ein anderes Signal bekommt.

Vorgeschlagenes Signal
Für diese Übung empfehlen wir einen Stopppfiff. Der hat den Vorteil, dass er auch auf größere Entfernung vom Hund noch gut wahrgenommen wird und in der Regel auch dann noch in sein Bewusstsein dringt, wenn er mit seiner Aufmerksamkeit auf ein anderes Ziel gerichtet ist.

Schritt 1
Einführen des Stoppsignals
Wahrscheinlich kennt Ihr Hund zu diesem Zeitpunkt schon das Kommando »Sitz«. Befolgt er das gut und zuverlässig, gilt es nun, ihm dafür das Pfeifsignal beizubringen.

Soll der Hund ein neues Signal zu einem schon bekannten lernen, ist der Ablauf immer folgender: Erst das neue Signal, dann das alte, dann die Belohnung, sofern der Hund auf das Signal reagiert hat.

Erst pfeifen Sie also, dann geben Sie das Signal zum Sitz. Nehmen Sie dazu Wort- oder Handsignal, je nachdem, was Ihr Hund besser beherrscht. Er sollte sich auf alle Fälle daraufhin sofort setzen.

Sollte das nicht der Fall sein, gilt es

zunächst, das »Sitz« zuverlässig aufzubauen (siehe Seite 14). Erst wenn es wirklich zuverlässig klappt, führen Sie das Pfeifsignal ein. Wiederholen Sie diese Übung so oft, bis der Hund sich schon auf den Pfiff alleine hinsetzt, ohne auf sein schon bekanntes Signal zu warten. Achten Sie von Anfang an darauf, dass Sie in jedem Durchgang die Position des Hundes im Bezug zu Ihnen verändern. Der Hund sollte also nicht immer vor Ihnen sitzen, sondern auch mal rechts oder links neben Ihnen oder auch hinter Ihnen.

Schritt 2

Arbeiten auf Entfernung mit Hilfe

Sobald der Hund in Ihrer Nähe zuverlässig auf den Sitzpfiff reagiert, wird es Zeit, Entfernung aufzubauen. Am einfachsten lassen Sie den Hund zunächst hinter einem Zaun, entfernen sich dann nur wenig und geben den Sitzpfiff. Die meisten Hunde wollen gerne zum Halter laufen. Aber da der Zaun ihn daran hindert, wird er sich auch da hinsetzen. Üben Sie das in verschiedenen Abständen.

Schritt 3

Arbeiten auf Entfernung ohne Hilfe

Reagiert Ihr Hund schon auf den Sitzpfiff in größerem Abstand, wenn er sich hinter dem Zaun befindet, dann führen Sie die Übung ohne Hilfe durch. Beginnen Sie zunächst wieder mit sehr geringem Abstand und zwar so nah, dass Sie dem Hund im Notfall helfen können, sich zu setzen, falls er Anstalten machen sollte, sich in Ihre Richtung zu bewegen. Erhöhen Sie auch dann den Abstand im Durchschnitt immer mehr. In diesem Trai-

Jacqueline stoppt Romeo aus vollem Lauf.

ningsschritt sollten Sie die Pfeife auf jedem Spaziergang dabei haben und immer wieder üben. Achten Sie darauf, dass Sie nur dann pfeifen, wenn Sie hundert Euro darauf verwetten würden, dass der Hund sich auch setzt. Denn mit jedem Mal, wenn Sie pfeifen und der Hund sich nicht setzt, lernt er, dass er sich eben nicht zu setzen braucht. Und das sollte möglichst nicht passieren!

Schritt 4

Arbeiten unter steigernder Ablenkung

Der Stopppfiff soll am Ende auch unter extremen Bedingungen funktionieren. Sollten Sie einen sehr apportierfreudigen Hund haben und der irgendwann gelernt haben, dass er nach dem »Voraus« apportieren kann, ist es unter Umständen gar nicht mehr so einfach, ihn aus vollem Lauf zu stoppen. Deshalb ist es wichtig, in diesem Übungsschritt schon mehr und mehr Ablenkung einzubauen.

Vom Prinzip her sollten Sie folgendes beachten: Sie sollten die Übung – wie gehabt – immer so aufbauen, dass der Hund Erfolg hat! Auf der anderen Seite sollen Sie die Ablenkung jedoch immer weiter steigern, aber eben nur so weit, dass der Hund auf den Stopppfiff reagiert.

Das erfordert schon etwas Fingerspitzengefühl. Im Zweifelsfall gehen Sie bitte auf Nummer Sicher. Wählen Sie die Ablenkung zu stark und der Hund befolgt den Stopppfiff nicht, lernt er, dass er nicht unbedingt zu stoppen braucht. Und das wollen Sie ihm ja eigentlich nicht beibringen.

Wie zuverlässig der Hund künftig das Signal befolgen wird, liegt also an Ihrem Trainingsaufbau. Es lohnt sich also, entsprechend sorgfältig vorzugehen.

Schritt 5

Voraus mit Stoppen

Genauso wie bei Schritt 8 der Voraus-Übung werden jetzt beide Aufgaben miteinander kombiniert. Wichtig ist, dass beide für sich schon gut klappen. Seien Sie wirklich streng zu sich selber und übereilen Sie nichts. Bedenken Sie: Je besser Sie das Fundament errichten, desto höher können Sie später darauf aufbauen.

RECHTS/LINKS

Später soll sich der Hund nach dem Stopp auch auf große Entfernung von Ihnen nach rechts oder links schicken lassen. So, wie wir die Übung aufbauen, lernt der Hund eigentlich gar nicht, rechts und links zu unterscheiden. Er lernt aber, sich von Ihnen in die vorgegebene Richtung steuern zu lassen; denn das ist es, was im Endeffekt gebraucht wird.

Der Vorteil ist, dass die Übung auch leicht zu trainieren ist, wenn man selber oft Schwierigkeiten hat, rechts von links zu unterscheiden.

Beginnen können Sie das Training für diese Übung schon, bevor der Hund das Stopp beherrscht. Er sollte ein Sitz/Bleib als Voraussetzung können.

Schritt 1
Hund läuft zur Seite

Setzen Sie den Hund in fünf bis zehn Metern Entfernung ab. Wieder bauen wir die Übung in kleinen Schritten so auf, dass der Hund möglichst keine Fehler machen kann.

Positionieren Sie etwa fünf Meter rechts von ihm eine Pylone mit Motivationsobjekt. Das kann wieder alles Mögliche sein: ein Target im eigentlichen Sinn, ein Leckerchen oder ein Spielzeug. Für den Hund sollte dieses Ziel gut sichtbar sein. Sollten Sie mit Futter arbeiten, ist eine Schüssel oder eine andere Unterlage angebracht, damit der Hund das Ziel sofort erkennt und nicht erst suchen muss.

Korrektes Rechtssignal.

Machen Sie sich zunächst einige Gedanken über das Signal, das Sie später einmal verwenden möchten. Ein sehr verwechslungsarmes Signal ist, wenn Sie mit Ihrem entsprechenden Arm in die Richtung zeigen, wobei der Daumen nach unten zeigt. Wenn Sie das beachten, heben Sie den Arm automatisch anders als mit nach oben zeigendem Daumen.

Schritt 1: Marion schickt Galina nach rechts.

Das hat den Vorteil, dass der Hund das Signal auf Entfernung besser von unserem Weiter-voran-Signal unterscheiden kann. Achten Sie darauf, dass Sie den anderen Arm ruhig am Körper halten.

Der Hund hat Ihnen beim Auslegen der Belohnung zugeschaut und wird auf Ihr Ermuntern hin sofort zum Ziel laufen. Dafür wird er natürlich gut belohnt. Da die Übung so aufgebaut ist, dass der Hund eigentlich keine Fehler machen kann, können Sie sofort Ihr ausgewähltes Signal einsetzen. Der Hund wird das zwar noch nicht verstehen, aber er kann von Anfang an das richtige Verhalten damit verknüpfen. Wiederholen Sie diesen Schritt einige Male nach rechts und dann auch einige Male nach links.

Schritt 2

Pylone links und rechts

Jetzt wird sowohl rechts als auch links vom Hund eine Pylone positioniert. Der Hund sieht wieder beim Aufbau zu. Die meisten Hunde merken sich das, was sie als letztes gesehen haben. Sie haben also die Tendenz, zu dem Ziel zu laufen, das Sie als letztes aufgebaut haben. Dorthin legen Sie also auch das Motivationsobjekt und genau dahin schicken Sie den Hund.

Seien Sie gut im Timing mit dem Markersignal und halten Sie den Hund anschließend unter Kontrolle, damit er sich nicht bei der zweiten Pylone auch noch »bedienen« will. (Zur Not hat er da einen Misserfolg, weil dort keine Belohnung positioniert wurde.)

Wiederholen Sie auch diesen Schritt einige Male nach links und einige Male nach rechts.

Schritt 3

Belohnung an der zuerst aufgebauten Sichthilfe

Bis jetzt war die Übung so aufgebaut, dass der Hund unabhängig von Ihrer Signalgebung sowieso zum richtigen Ziel gelaufen ist, damit er sich daran gewöhnen kann. Nun gilt es zu testen, ob er auch wirklich auf Ihr Signal reagiert. Sie bauen also wieder die beiden Sichthilfen auf, aber dieses Mal befindet sich die Belohnung bei der zuerst von Ihnen aufgebauten Sichthilfe. Schicken Sie den Hund dorthin. Achten Sie bei dieser Übung darauf, wie

Galina wartet gespannt auf Marions Signal.

Schritt 3: Der Helfer steht an der Belohnung.

der Hund Ihren Bewegungen folgt. Schicken Sie ihn nicht los, wenn er mit seiner ganzen Aufmerksamkeit bei der von Ihnen zuletzt deponierten Sichthilfe ist. Im Notfall brauchen Sie einen Helfer, der dem Hund einen Misserfolg verschafft, falls er in die falsche Richtung laufen sollte, ohne auf Sie zu achten. Der Helfer nimmt das Leckerchen oder Spielzeug, das sich an der ersten Sichthilfe befindet, in diesem Fall einfach kommentarlos weg, damit sich der Hund nicht schnell dort seine Belohnung abholen kann.

Achtet der Hund auf Ihr Signal, können Sie jetzt variabel die Seiten wechseln.

Schritt 4

Entfernung aufbauen

Die anfänglichen fünf Meter werden jetzt mehr und mehr gesteigert. Der Hund sollte die Pylonen immer noch gut sehen können.

Schritt 5

Unterschiedliche Untergründe und Umgebungen

Üben Sie das, was bisher trainiert wurde, an allen möglichen Orten. Üben Sie auch Geländeübergänge, wobei Sie darauf achten sollten, dass der Hund diese nicht immer im rechten Winkel überquert, sondern völlig wahllos. Wir Menschen neigen nämlich dazu, die Linien im Gelände als Hilfe zu nehmen. Wenn wir das aber dem Hund so beibringen, dürfen wir uns nicht wundern, wenn er später nur im rechten Winkel über eine solche Linie laufen kann und völlig überfordert ist, wenn der Winkel mal anders aussieht.

Schritt 6

Rechts und links nach Stopp

Für diese Übung bauen Sie drei Pylonen als Sichthilfen auf. Alle drei stehen in einer Linie, die beiden äußeren mindestens 5 Meter entfernt von dem mittleren. Der Hund befindet sich jetzt bei Ihnen und Sie schicken ihn zur mittleren Pylone. Für diesen Schritt sollten Sie bei der Vorausübung also schon mindestens bis Schritt 3 (siehe Seite 44) gekommen sein. Bei diesem Target stoppen Sie den Hund entweder mit dem Sitz-Kommando oder mit dem Stopppfiff, je nachdem, ob er den schon kann.

Belohnen Sie den Hund einige Male nur dafür, dass er auf Ihr Signal hin zu der mittleren Pylone läuft. Anschließend schicken Sie ihn sozusagen als Belohnung nach links oder rechts. Voraussetzung dafür ist aber, dass er an der mittleren Pylone schön sitzt, mit Blickrichtung zu Ihnen. Üben Sie das variabel nach links und nach rechts.

Schritt 6: Iris hat Billy zur mittleren Pylone vorangeschickt, um ihn anschließend zur linken einzuweisen.

Schritt 7
Entfernung steigern

Dieser Schritt wird genauso wie Schritt 6 aufgebaut, nur mit gesteigerten Entfernungen. Achten Sie wirklich darauf, dass Sie den Hund nur dann nach der ersten Pylone weiter schicken, wenn er seine Arbeit wirklich gut gemacht hat, weil das Schicken nach rechts oder links wie eine Belohnung wirkt. Hat der Hund vorher unsauber gearbeitet, belohnen Sie genau dieses Verhalten. Damit bringen Sie ihm letztendlich etwas Falsches bei und später kommt es zu Missverständnissen, weil der Hund etwas ganz anderes unter der Aufgabe versteht als Sie. Läuft der Hund also beispielsweise etwas zögerlich zum mittleren Ziel, belohnen Sie ihn nur mit Ihrer Stimme und rufen ihn dann zurück oder holen ihn dort ab. Nur wenn er schön zügig zur mittleren Pylone läuft und dort auch wunschgemäß stoppt, wird er weiter nach rechts oder links geschickt.

Beim Übungsaufbau ist es sehr wichtig, dass der Hund nicht für falsches Verhalten belohnt wird. Eigentlich macht er ja auch nichts falsch, sondern versteht nur die Aufgabe noch nicht. Umso wichtiger ist, dass wir ihn durch eine falsche Belohnung nicht noch mehr verwirren. Wenn Sie die einzelnen Übungsschritte aufbauen, sollten Sie also entweder mit Helfer arbeiten oder sich sicher sein, dass Sie die Übung so leicht aufbauen, dass der Hund auf alle Fälle Erfolg hat. Demnach können Sie entscheiden, wo Sie die Belohnungen deponieren. Legen Sie zum Beispiel schon rechts und links an den Pylonen die Belohnung aus, muss sicher sein, dass er die Übung erfolgreich ausführt und dass Sie den Hund so gut unter Kontrolle haben, dass er zwischendurch auch zu Ihnen zurückkommt und nicht ohne Anweisung zur zweiten Pylone läuft.

WEITER VORAUS

Von dem Punkt, an dem der Hund gestoppt wurde, soll er in dieser Übung noch weiter voraus bzw. aus Sicht des Hundes zurück geschickt werden. Auch hier lohnt es, sich wieder einige Gedanken über das Signal zu machen. Hier sitzt der Hund also in einigem Abstand, Blickrichtung zu seinem Menschen und er soll sich dann in entgegengesetzte Richtung in gerader Linie weiter entfernen. Aus Sicht des Hundes ist es also etwas anderes als unser Voraus-Kommando bisher. Deshalb sollte auch das Signal ein anderes sein.

Wieder können Sie die ersten Schritte dieser Übung trainieren noch bevor Sie das Stoppsignal geübt haben. Das wird erst später benötigt.

Es ist von Vorteil, wenn Sie den Hund sowohl rechts- als auch linksherum weiter voraus schicken können. Damit kann man sich später in den herausfordernden Dummy-Übungen Schwierigkeiten vermeiden.

Deshalb werden wir diese Übung so aufbauen.

Schritt 1

Zurückschicken aus dem Vorsitz

Bauen Sie mit dem Hund gemeinsam die Pylone mit Belohnung auf. Er soll also dabei sein und zusehen. Dann entfernen Sie sich mit ihm einige Meter vom diesem Ziel und lassen ihn vorsitzen, genau mit dem Rücken zur Pylone.

Für den Anfang bietet sich auch ein schräges Sitzen an, so dass die Wahrscheinlichkeit, dass der Hund in der von Ihnen gedachten Richtung starten wird, erhöht ist.

Geben Sie ihm dann mit der Hand das Signal in die Richtung, in die er sich drehen soll. Wahrscheinlich wird der Hund Ihrer Handbewegung folgen.

Schritt 1: Romeo sitzt mit der Sichthilfe im Rücken vor Jacqueline.

Für das Weiter-voraus-Signal bietet sich an, dass Sie den entsprechenden Arm gerade in die Luft strecken und den Hund damit nach hinten schicken. Da er ja für jetzt in unserem Übungsaufbau sowieso schon weiß, wo er hinläuft, können Sie auch gleich das entsprechende Wort- oder auch Pfeifsignal einbauen. Klicken Sie, kurz bevor er das Ziel erreicht hat.

Sollte sich der Hund nicht in die vorgegebene Richtung drehen (manche Hunde drehen sich immer über ihre Schokoladenseite), dann sollten Sie hier eine kleine Übung einbauen, die mit dem Einweisen eigentlich nichts zu tun hat: Lassen Sie den Hund einem Leckerchen folgend sich nach links und nach rechts um die eigenen Achse drehen. Verwenden Sie dabei für eine Drehung entgegen dem Uhrzeigersinn Ihre rechte Hand und für eine Drehung mit dem Uhrzeigersinn die linke. Sobald der Hund eine Vorstellung davon hat, was Sie wollen, bauen Sie die Leckerchen als Lockmittel ab und nehmen nur noch das Handsignal. So lernt der Hund, auf Ihre Handsignale zu achten und trainiert seine eventuell schwächere Seite, so dass er sich später ohne Probleme auf Ihre Anweisung sowohl rechts als auch links herum beim weiter Voranschicken drehen kann.

Danach versuchen Sie oben beschriebene Übung noch mal. Sie sollte dem Hund jetzt keine Probleme mehr machen.

Schritt 2
Entfernung aufbauen

Lassen Sie den Hund immer noch zusehen, wenn Sie das Target aufbauen. Gehen Sie dann wieder einige Meter mit ihm weg und setzen ihn mit dem Rücken zum Target. Lassen Sie ihn dort bleiben und gehen Sie selber auch noch einige Schritte zurück. Dann schicken Sie ihn über eine vorgegebene Seite nach hinten. Üben Sie, dass Sie ihn sowohl rechts- als auch linksherum schicken können. Variieren Sie die Entfernungen zwischen Target und Hund sowie Hund und Ihnen. Steigern Sie auch hier die Entfernung immer nur im durchschnittlichen Wert. Denken Sie daran: Es ist wichtig, dass der Hund immer Erfolg hat!

Schritt 2: Romeo startet zur Sichthilfe mit der richtigen Drehung.

Am Ende sollten dreißig Schritte zwischen Ihnen und Hund und auch zwischen Hund und Target liegen können und der Hund sollte zügig Ihre Anweisung befolgen.

Eine Anmerkung zum Tempo: Der Hund sollte immer in einem für ihn angemessen eifrigen Tempo arbeiten. Lässt das Tempo nach, sollte bei Ihnen auf alle Fälle die gelbe Lampe angehen. Trainieren Sie vielleicht schon zu lange? Stimmt die Motivation nicht? Oder ist der Hund doch mit der Aufgabe überfordert? Nachlassendes Tempo ist meist der erste Hinweis dafür.

Schritt 3
Hilfe abbauen

Bauen Sie nun die Übung auf, bevor Sie den Hund dazu nehmen. Er soll also nicht beim Aufbau zusehen. Oder bitten Sie einen Helfer, den Aufbau für Sie zu erledigen, während Sie die Aufmerksamkeit des Hundes bei sich halten. Jetzt hat der Hund also nicht mehr automatisch sein Ziel im Kopf, sondern er muss Ihren Anweisungen schon eine Bedeutung zuordnen können. Sie können dem Hund die Übung erleichtern, indem Sie immer am gleichen Ort üben, der auch nur für diese Übung genutzt wird und nicht auch noch für andere. Dadurch erhält der Hund also auch schon einen Hinweis, was ihn erwartet. Aber das ist nur fair, denn wir wollen ihm ja auf alle Fälle zum Erfolg verhelfen.

Schritt 4

An unterschiedlichen Orten

Trainieren Sie diese Übung jetzt an vielen verschiedenen Orten. Beginnen Sie dabei zunächst noch einmal bei Schritt 1 und arbeiten Sie zügig weiter. Sie sollten den Hund nicht auf die Probe stellen, sondern ihm immer noch helfen zu verstehen, was Sie von ihm wollen. Den Hund auf die Probe zu stellen kommt in einem späteren Ausbildungsschritt.

IN KOMBINATION

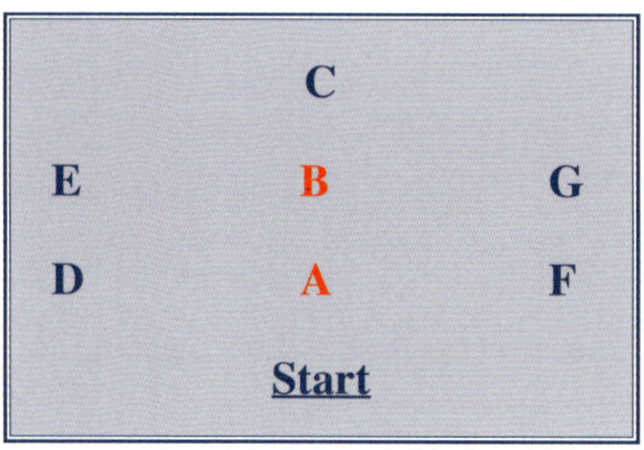

Haben Sie das Voran, Stopp, Rechts, Links und weiter Voran gut geübt, kann man alle Aufgaben im Training zusammennehmen. Bauen Sie sich sieben Stationen nach dem obigen Schema auf – das können wieder Pylonen oder Fähnchen sein. Die Punkte A und B sind nur gedachte Stellen, da steht also keine Sichthilfe.

Aufgaben:

- Schicken Sie den Hund zum Punkt A, dort Stopp und nach links zu Punkt D.
- Schicken Sie den Hund zum Punkt B, dort Stopp und weiter voran zu Punkt C.
- Schicken Sie den Hund zum Punkt B, dort Stopp und nach rechts zu Punkt G.

Die anderen Punkte können Sie entsprechend anlaufen lassen. Sie können diese Übung an unterschiedlichen Orten und mit unterschiedlichen Entfernungen üben.

Praktisch ist es, wenn man einen Helfer oder einen Trainingspartner dabei hat. Der Hund sollte nie Erfolg haben, wenn er nicht in die vorgegebene Richtung läuft. Planen Sie Ihr Training also genau.

Sollten Sie sich nicht ganz sicher sein, können Sie ein falsches Ziel durch einen Helfer absichern lassen. Der nimmt dann den als Belohnung vorgesehenen Ball oder das Leckerchen weg, falls der Hund das Ziel einfach vorweg nimmt, bevor er dorthin geschickt wurde.

Als weitere schöne Aufgabe können Sie den Hund kreisförmig von sich wegschicken und die Winkel zwischen den Zielen je nach Können immer weiter verkleinern (siehe Skizze auf der nächsten Seite).

Komm

Das Komm-Kommando ist auch für das Einweisen wichtig. Es könnte ja sein, dass der Hund über das Ziel hinaus läuft. Dann wird er gestoppt, gerufen und wieder gestoppt, wenn er an

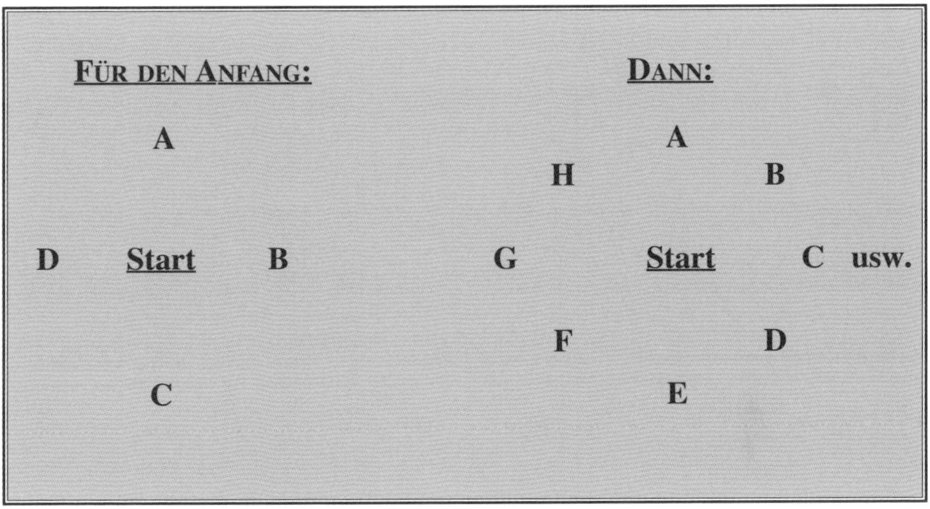

der richtigen Stelle ist. Das Komm-Kommando haben wir auf Seite 12 schon erklärt.

Nun gilt es, es mit den anderen Kommandos zu kombinieren. Nehmen Sie zum Beispiel den Übungsaufbau von Seite 58. Schicken Sie den Hund »Voran« zu C. Dort »Stopp«, dann mit »Komm« zu A und von dort nach links zu D. Das ist nur ein Beispiel von vielen Möglichkeiten. Der Fantasie sind keine Grenzen gesetzt!

Sollte Ihnen bei solchen Kombinationen auffallen, dass eine Sache nicht so richtig klappt, ist es wichtig, dass diese nochmals separat geübt wird. Macht der Hund Fehler, ist die Aufgabe für ihn zu schwierig. Und bei solch einer Verhaltenskette, wie wir sie bei der Kombination von den verschiedenen Einweise-Übungen haben, ist es wichtig, dass man immer wieder das schwächste Glied der Kette trainiert.

Suchen

Beim Einweisen soll sich der Hund nach Ihren Angaben in eine bestimmte Richtung schicken lassen. Er soll sich dabei ganz auf Ihre Anweisung verlassen und nicht seine Nase einsetzen! Deshalb haben wir so viel Wert darauf gelegt, dass Leckerchen, falls sie als Ziel verwendet werden, immer gut sichtbar liegen und der Hund sie nicht zu suchen braucht.

Das Suchen-Signal ist nun dazu gedacht, dass wir dem Hund sagen können, wann er seine Nase benutzen soll. So wird der Hund in der Nachsuche so genau wie möglich zu der Stelle geschickt, an der nach Meinung des Jägers das geschossene Stück Wild liegt – von dort aus muss er es dann alleine finden, indem er seine Nase gebraucht.

Als Suchen-Signal bietet sich wieder ein Pfeifkommando an, weil es in der Regel aus größerer Entfernung gegeben wird. Das könnte zum Beispiel ein längeres Trällern sein.

Das Suchen-Signal können Sie auf jedem Spaziergang trainieren. Nehmen Sie sich immer einige Leckerchen oder das Lieblingsspielzeug des Hundes mit. Die ersten Male lassen Sie den Hund zusehen, wenn Sie Futter oder Spielzeug ins Gras werfen. Geben Sie ihm dann das Suchen-Signal, sobald er seine Nase einsetzt. Wie immer gilt auch hier, dass er zu dem Zeitpunkt überhaupt keine Vorstellung von der Bedeutung des Signals hat. Er möchte sowieso ans Futter beziehungsweise ans Spielzeug, weil er Sie beobachtet hat. Wenn Sie ihn mit der Körpersprache ermuntern, ist das ein zusätzliches Signal. Erst mit vielen Wiederholungen wird er dann verstanden haben, dass der Suchen-Pfiff bedeutet, dass er suchen soll. Es ist wie Vokabeln lernen. Und genau wie wir Vokabeln immer wiederholen müssen, müssen Sie auch dem Hund die Chance dazu geben.

Vagabund sucht im Gras.

Später verstecken Sie die Leckerchen, ohne dass Ihr Hund zuschaut. Zeigen Sie ihm dann den Ort und geben Sie wieder das Suchen-Signal.

Sie können die Übung auch mal so gestalten, dass Sie dem Hund den Ort nicht zeigen. Bewegen Sie sich dann so, dass er in die Gegend kommt. Geben Sie ihm das Suchen-Signal, sobald er in der Nähe der Leckerchen ist. Jetzt können Sie sehen, ob er verstanden hat, was Sie wollen. Was genau er verstanden hat, können wir jetzt allerdings noch nicht sagen. Wir möchten ihm beibringen: Setze deine Nase sein! Er könnte aber gelernt haben: Hier gibt es Leckerchen oder sein Spielzeug. Natürlich wird er dann auch seine Nase einsetzen, es könnte aber sein, dass er später, wenn die Übung auf die Dummys übertragen wird, zuerst einmal das vermisst, was er vorher mit dieser Übung verknüpft hat. Das ist aber kein Problem, weil der Hund schnell die neue Bedeutung lernen kann, wenn es soweit ist.

Das Markieren

Beim Markieren soll der Hund sich die Stelle merken, bei der die Ente bei der Jagd gefallen ist, damit er auf direktem Weg dorthin läuft, sie zügig aufnimmt und zurück bringt.

Ein schönes Beispiel, um sich die Leistung des Hundes zu verdeutlichen, ist wieder eine eigene Erfahrung, die bestimmt jeder Hundehalter auf einem Hundeplatz schon gemacht hat: Der Hund setzt einen Kothaufen ab und der Mensch muss »die Fallstelle markieren«. Er muss sich also die Stelle merken, an der der Kothaufen gefallen ist, um ihn dann zu beseitigen. In der Regel haben wir es dabei nicht mit sehr großen Distanzen zu tun und trotzdem ist diese Übung ganz schön schwer. Oft sind wir nur dann erfolgreich, wenn wir den Blick gar nicht von der Fallstelle abwenden müssen. Achten Sie beim nächsten Mal darauf, wie Sie bei dieser Aufgabe vorgehen.

Mit dem Hund arbeiten wir wieder erst die Grundlagen. Der Hund braucht also noch nicht apportieren zu können, um das Markieren zu üben. Es geht darum, dass er sich eine Fallstelle merkt und dorthin läuft.

Britta wirft das Motivationsmittel, Luna läuft interessiert hinterher.

MARKIEREN MIT MOTIVATIONSOBJEKT

Nehmen Sie sich ein Motivationsmittel, das der Hund sehr gerne haben möchte. Das können gute Leckerchen sein, die aber verpackt sein sollten (z. B. in Futterbeutel oder Dose), aber auch ein Spielzeug oder was immer er gerne mag. Ein Dummy sollten Sie für diese Grundlagen noch nicht nehmen, weil wir erst alle eventuellen Fehler bearbeiten wollen, bevor letztendlich das Dummy dazu genommen wird. Sehr gut eignet sich auch ein Futterbeutel, den man aus einem Lederbeutel vom Handwerkermarkt machen kann. Einen solchen Beutel kann man auch gut werfen.

Zuerst muss sichergestellt sein, dass der Hund auch wirklich motiviert ist, zu diesem Gegenstand hinzulaufen. Testen Sie das aus, indem Sie ihn einfach einige Meter von sich weg werfen und den Hund hinterherlaufen lassen. Was er mit dem Gegenstand macht, wenn er ihn gefunden hat, ist im Prinzip egal.

Verlangen Sie da auch nichts Spezielles von ihm, sondern belohnen Sie den Hund, sobald er an dem Gegenstand ist. Sie können ihm entweder das Spielzeug dann werfen, damit er es sich nehmen kann, im Falle vom Futterbeutel können Sie den Hund füttern oder was auch immer er gerne mag.

Lassen Sie den Hund bitte in diesem Trainingsschritt nicht apportieren, es sei denn, das Apportieren ist für ihn eine tolle Belohnung. Denn sonst »belohnen« Sie die eine Aufgabe mit einer anderen; und dann ist es fraglich, ob es sich wirklich um eine Belohnung handelt.

Schritt 1

Gehen an lockerer Leine, obwohl geworfen wird

Es ist sehr wichtig, dass die Hunde beim Markieren gut unter Kontrolle sind. Der Hund sollte an lockerer Leine oder sogar ohne Leine zur Ausgangsposition gebracht werden. Er darf erst dann starten, wenn er von seinem Menschen das entsprechende Signal dafür bekommt.

Schritt 1: Der Hund soll auch dann weiter an lockerer Leine gehen, wenn ein Helfer ein Motivationsobjekt wirft.

Üben Sie also in diesem Schritt das Gehen an lockerer Leine oder ohne Leine, selbst wenn um Sie herum Gegenstände geworfen werden oder Sie selbst welche werfen. Achten Sie darauf, dass Sie die Übung nur so schwer gestalten, dass der Hund Erfolg haben kann. Bei manchen Hunden bedeutet das, dass Sie Helfer brauchen, die in hundert Metern Entfernung Dinge werfen. Denn nur dann kann der Hund sich noch beherrschen und wird nicht hinterher rennen wollen. Das ist dann in Ordnung so.

Arbeiten Sie sich langsam vorwärts. Der Hund sollte immer dafür belohnt werden, dass er das Richtige tut und nie dafür bestraft werden, wenn er etwas »falsch« macht. Das »falsch« steht in Anführungszeichen, weil es ja unsere seltsamen Vorstellungen sind, die den Hund etwas richtig oder falsch machen lassen. Aus seiner Sicht sieht alles ganz anders aus. Warum sollte er schön bei Ihnen gehen, wenn in einiger Entfernung eine Menge Spaß auf ihn wartet? Sie müssen dafür sorgen, dass es sich für ihn lohnt, bei Ihnen zu bleiben und Ihr verrücktes kleines Spiel mitzuspielen. Das ist *Ihre* Aufgabe! Sollte der Hund also einmal abhauen und einem Gegenstand nachlaufen, weil die Übung zu schwer für ihn war, so treten Sie sich selber in den Hintern, wenn Sie das Bedürfnis haben, das mit jemandem zu machen. Denn Sie haben den Fehler gemacht! Je ernster Sie das nehmen, desto erfolgreicher wird Ihr Training sein. Nehmen Sie so etwas also nicht auf die leichte Schulter und denken Sie immer an die Ampel (siehe Seite 19).

Für diesen und die nächsten beiden Trainingsschritte können Sie ein Signal einführen, das dem Hund sagt, dass er den Gegenständen nicht nachlaufen darf. Später kann das dann von großer Hilfe sein. Das sollte nicht ein »Nein« sein. Das ist zu streng und könnte dem Hund den Spaß an den geworfenen Dingen verderben. Eher sollten Sie sich etwas ausdenken, was so viel bedeutet wie: »Du bist noch nicht dran, vergiss es!« Wie wäre es also mit »Vergiss es!«

Schritt 2
Sitzen, wenn geworfen wird

Genauso wie der Hund an lockerer Leine gehen soll, soll er gut sitzen bleiben, wenn geworfen wird, letztendlich auch ohne Leine. Arbeiten Sie also auch gründlich an diesem Schritt. Es gibt Hunde, für die das gar kein Problem ist. Sie interessieren sich vielleicht gar nicht so sehr für das, was da durch die Luft fliegt. Mit solchen Hunden ist dieser Schritt sehr schnell abgearbeitet, dafür werden sie an anderer Stelle etwas länger brauchen.

Dann gibt es aber auch Hunde, die ganz verrückt nach geworfenen Gegenständen sind. Für sie ist dieser Schritt unter Umständen eine große Herausforderung. Gehen Sie aber wirklich bitte nicht weiter, ehe der Hund diesen Schritt perfekt beherrscht. Die nächsten Schritte werden ihm dann

Schritt 2: Selbstbeherrschung gefragt: Alfra bleibt sitzen, obwohl um sie herum viele Bälle geworfen werden.

sowieso leichter fallen. Gerade hier entstehen durch die Ungeduld der Hundehalter die meisten Trainingsfehler. Denn bedenken Sie: Jedes Mal, wenn der Hund einspringt und nicht schön sitzen bleibt, lernt er, dass auch das eine Möglichkeit ist. Und gerade für diese Hunde ist ja das Hinterherlaufen und Aufnehmen des Gegenstandes eine Riesenbelohnung. Das Verhalten, das wir nicht wollen, wird also sehr stark gefestigt. Das sollte vermieden werden!

Lassen Sie daher den Hund sitzen, wenn in Entfernung geworfen wird. Er sollte interessiert sein. Es ist bei dieser Übung also nicht sinnvoll, den Hund auf sich zu konzentrieren, damit er nicht abgelenkt wird. Das kann man höchstens in ganz schlimmen Fällen anfangs machen, bis der Hund soweit unter Kontrolle ist, dass er auch sitzen bleibt, wenn er einen Gegenstand fallen sieht.

Bedenken Sie, dass es sich für den Hund lohnen soll, diese Aufgabe für Sie auszuführen. Belohnen Sie ihn also mit etwas entsprechend Gutem. Einem bällchenverrückten Hund könnten Sie zum Beispiel als Belohnung für ein ruhiges Sitzen plötzlich einen Ball werfen, damit er durch Sie den Spaß hat. Ab und an sollte man einen solchen Hund auch als Belohnung einem geworfenen Gegenstand hinterher laufen lassen. Sonst wartet er bald darauf, dass sein Halter ihm etwas wirft und ist mit der Aufmerksamkeit zu sehr bei seinem Halter. Das sollte er ja mit der Zeit gar nicht mehr sein. Ihre Aufgabe ist es also, den Hund dafür zu belohnen, dass er ruhig neben Ihnen sitzt, aber seine Aufmerksamkeit auf die Dinge richtet, die durch die Luft fliegen.

Schritt 3

Ruhig sein, wenn geworfen wird

Eigentlich könnte das schon ein Teil von Schritt 2 sein. Weil das aber so wichtig ist, erwähnen wir es noch einmal separat als einen eigenen Trainingsschritt. Achten Sie also darauf, dass der Hund wirklich ruhig neben Ihnen sitzt, wenn um ihn herum Objekte durch die Luft fliegen. Ruhig bedeutet wirklich ruhig! Auch ein Fiepsen sollte nicht erlaubt sein. Bauen Sie auch hier die Übung wieder so auf, dass der Hund Erfolg haben kann.

Dann machen Sie die Übung Stück für Stück schwerer, wieder mit der Ampel im Hinterkopf.

Die Schritte 1 bis 3 kann man in der Gruppe schön festigen, indem alle mit ihrem Hund über einen Platz gehen. Es liegen viele Tennisbälle herum. Jeder, der einen Tennisball in greifbarer Näher hat, nimmt ihn und wirft ihn, so dass andauernd Bälle durch die Luft fliegen. Allerdings sollten alle Hunde dafür schon so sicher sein, dass sie die Aufgabe auch erfolgreich durchführen können.

Schritt 3: ... und nun das Ganze als Gruppenübung!

Schritt 4
Markieren mit Helfer

Wenn alle vorherigen Schritte schön klappen, kann es jetzt also ans Markieren gehen. Suchen Sie sich dafür einen Ort, der flach und übersichtlich ist. Das kann eine kurz gemähte Wiese sein, ein Platz oder ähnliches. Der Hund sollte den Gegenstand, der geworfen wird, auch am Boden gut sehen. Bis jetzt sollte der Hund zu von Ihnen geworfenen Motivationsobjekten laufen. Manchen Hunden fällt es schwer, wenn auf einmal jemand anderes wirft. Fangen Sie einfach an, indem Sie ganz in die Nähe des Hundes werfen lassen. Der Hund sollte zügig zu dem Gegenstand laufen, auch wenn jemand anderes wirft. Was er danach damit macht, ist in diesem Trainingsschritt wieder unwichtig. Bietet er das Apportieren schon an, können Sie es aufgreifen. Wichtig ist aber, dass Ihr Markersignal dann kommt, wenn der Hund an dem Gegenstand angekommen ist. Was danach kommt, sollte Belohnung sein.

Der Helfer kann je nach Hund auch mithelfen, dass die Aufmerksamkeit bei ihm und bei seinem Werfen ist, indem er den Hund anruft oder sich sonst irgendwie bemerkbar macht.

Das Motivationsobjekt sollte für den Hund gut sichtbar sein. Es bietet sich zum Beispiel an, ein Fähnchen anzubinden.

Konzentrieren Sie sich in diesem Trainingsschritt auf Ihr Startritual. Es sollte sich deutlich vom Einweisen

Schritt 4: Ein Helfer wirft auf kurz gemähter Wiese ein gut sichtbares Motivationsobjekt.

unterscheiden, denn in dieser Aufgabe soll sich der Hund das Ziel von alleine suchen. Er sollte seine ganze Aufmerksamkeit auf den zu markierenden Gegenstand richten! Deshalb sollten Sie in Ihrem Startritual nicht zu viel Wert auf Körpersprache legen. Denn dafür müsste der Hund Sie ansehen. Das soll er aber möglichst nicht, weil ihn das ablenken könnte und er die Fallstelle dann nicht sieht und sie sich nicht einprägen kann. Die Entfernung des Hundes zu seinem Ziel sollte nicht mehr als dreißig Schritte betragen.

Sobald der Hund schön zügig zu seinem Ziel hinläuft, gehen Sie in den Trainingsschritten weiter.

Manche Hunde lassen sich anfangs vom Helfer zu sehr ablenken und laufen zum Beispiel nur zum Helfer, aber nicht zur Markierung. Um das abzustellen, postieren Sie den Helfer zunächst hinter einen Zaun oder auf einem Hochsitz, so dass der Hund ihn nicht erreichen kann. Erst wenn das gut klappt, lassen Sie den Helfer wieder für den Hund erreichbar im Gelände stehen.

Schritt 5
Sitzen, wenn andere arbeiten

Bevor wir höhere Anforderungen an das eigentliche Markieren stellen, geht es hier nochmals um die sogenannte »Steadyness«: Der Hund soll nicht nur ruhig bei Ihnen bleiben, wenn in der Umgebung geworfen wird, sondern auch dann, wenn andere Hunde arbeiten, das heißt zu den geworfenen Gegenständen hinlaufen. Für einige

Schritt 5: Günter schickt Spike zur Markierung, während die anderen Hunde schön sitzen bleiben.

Hunde stellt das wieder eine ganz schöne Herausforderung dar. Diese Übung ist aber sehr wichtig, deshalb kommt sie auch so früh in den Trainingsschritten und sollte unbedingt sehr gut klappen, bevor Sie weitergehen. Fangen Sie wieder leicht an, indem Sie mit entsprechendem Abstand arbeiten und verkleinern Sie den Abstand so, dass Ihr Hund immer Erfolg hat.

In der Gruppe können Sie die Hunde dann abwechselnd zum geworfenen Gegenstand laufen lassen. Alle Hunde stellen sich mit ihren Menschen in einer Linie mit etwa drei bis vier Metern Abstand zwischen den einzelnen Teams auf. Ein Helfer sammelt von jedem Team ein Motivationsobjekt ein, das am besten mit Namen gekennzeichnet ist. Anschließend wirft er für jedes Team das Motivationsobjekt in einem Abstand, der für das Können des Hundes angemessen ist. Die Halter, deren Hunde nicht laufen sollen, geben dem Hund das Signal »Vergiss es!« oder ähnliches, das dem Hund mit der Zeit den Hinweis geben soll, dass das fliegende Motivationsobjekt nicht für ihn bestimmt ist.

Wichtig ist, dass alle Hunde zusehen sollen, wenn die einzelnen Objekte geworfen werden. Daher hat der Helfer eine ganz wichtige Funktion. Er sollte es schaffen, alle Hunde auf sich aufmerksam zu machen. Die Hundehalter sollten die Hunde für ruhiges Sitzen belohnen, wobei die Aufmerksamkeit aber beim Werfer sein soll.

Schritt 6

Entfernung aufbauen

Wieder brauchen Sie einen Helfer, wobei es sich um einen einigermaßen guten Werfer handeln soll. Wir hatten schon sehr viel Spaß, wenn der Helfer die Aufgabe hatte, das Motivationsobjekt möglichst weit in eine bestimmte Richtung zu werfen und es dann in eine ganz andere Richtung fiel oder gar auf dem Kopf des Helfers landete.

Üben Sie auch diesen Trainingsschritt auf einer recht kurz gemähten Wiese oder einem Platz, der sehr übersichtlich ist, sodass der Hund das Motivationsobjekt gut auf Entfernung sieht. Sie sollten den Wind im Rücken haben, was verhindern soll, dass der Hund die Nase einsetzt. Denn er soll ja mit seinen Augen arbeiten. Wir arbeiten hier immer noch nicht an dem eigentlichen Markieren, weil wir dem Hund immer noch durch den Ort und einen gut sichtbaren Gegenstand helfen und er sich nicht auf die Fallstelle konzentrieren muss.

Jetzt geht es allein darum, Entfernung aufzubauen.

Postieren Sie den Helfer an einem festen Ort und starten Sie mit dem Hund in einer geringen Entfernung. Mit jeder Wiederholung steigern Sie die Entfernung etwas. Der Platz des Helfers bleibt fest, aber Sie gehen immer weiter zurück. So läuft der Hund am Ende immer die gleiche Strecke, was ihm hilft, Vertrauen zu Entfernungen aufzubauen. Der Helfer

Schritt 6: Ein Helfer wirft für Linda und Scott auf größere Entfernung eine Markierung.

sollte so geschickt sein, immer auf ungefähr den gleichen Platz zu werfen.

Läuft Ihr Hund zu einem Futtersack und ist die Belohnung, dass er das Futter bekommt, sind Ihnen bei dieser Übung irgendwann durch die Entfernung Grenzen gesetzt, weil Sie sehr sportlich sein müssen, um immer zur Belohnung zum Hund zu laufen. Mit Spielzeug hat man es entsprechend einfacher. Wichtig ist auf alle Fälle, dass das Markersignal immer dann kommt, wenn der Hund das Ziel erreicht. Denn an diesem Punkt sollte die Übung beendet sein. Was der Hund anschließend macht, ist Teil der Belohnung. Steigern Sie die Entfernung so weit, wie es Ihnen möglich ist. Weiter geht es dann, wenn wir später das Markieren mit dem Apportieren kombinieren (siehe Seite 109).

Denken Sie wie immer an das Ampeltraining. Machen Sie dem Hund die Übung nur so schwer, dass er sie auch erfolgreich ausführen kann. Erfolg motiviert und kommt Ihnen von daher doppelt zugute. Der Hund lernt erst gar nicht, Fehler zu machen und hat außerdem eine Menge Spaß an dieser Übung.

Schritt 7

Markieren in unübersichlichem Gelände

Bis jetzt sah der Hund sein Ziel immer schon vom weitem. Jetzt suchen Sie sich ein Gelände, bei dem er das Ziel nicht mehr direkt sieht, sondern erst, wenn er in unmittelbarer Nähe ist.

Üben Sie nach dem Prinzip von Schritt 6. Machen Sie einige Wiederholungen, wobei der Helfer am selben Ort bleibt und möglichst auch auf dieselbe Stelle wirft und steigern Sie langsam die Entfernung. So ist der Hund die letzten Meter immer schon einmal gelaufen, was ihm die Übung erleichtert und Vertrauen aufbaut.

Denken Sie auch immer daran, aufzuhören, wenn es am schönsten ist. Sie sollten das Training nie so weit führen, dass Ihr Hund irgendwann abbricht. Machen Sie auch lieber öfter am Tag kurze Durchgänge als einen zu langen.

Schritt 8

Entfernungen einschätzen

Wählen Sie für diesen Trainingsschritt ein recht übersichtliches Gelände. Der Hund sollte sein Ziel vielleicht nicht von seinem Startpunkt aus sehen, jedoch aber schon aus einiger Entfernung. Der geworfene Gegenstand sollte außerdem gut sichtbar sein. Wieder sollten Sie den Wind im Rücken haben.

Schritt 7: Romeo bringt eine Markierung aus höherem Gras.

Dieses Mal bleiben Sie mit dem Hund an derselben Startposition, der Helfer beginnt in etwa 30 Metern Entfernung. Dann kommt er mit jeder Wiederholung fünf Meter näher bzw. wirft das Motivationsmittel fünf Meter näher, sodass der Hund immer auf derselben Linie laufen kann.

Schafft der Hund die anfangs verlangten 30 Meter nicht, ist dieser Trainingsschritt noch zu früh. Wiederholen Sie noch einige Male Schritt 7 an unterschiedlichen Orten.

Der Hund sollte sein Ziel in dieser Übung nie überlaufen. Daher ist es wichtig, dass es wirklich gut sichtbar ist und vom Werfer immer auf dieselbe Linie geworfen wird. Ist das mal nicht der Fall, sagen Sie »Vergiss es!«, üben Sie also einfach noch einmal an der Steadyness und lassen Sie den Helfer seinen Wurf wiederholen. Ein solcher Fehlwurf ist also absolut nicht ärgerlich, sondern eine gute Gelegenheit eine wichtige Übung zu wiederholen.

Schritt 9
Gedächtnistraining

Jetzt geht es darum, dass sich der Hund die Fallstelle auch über eine gewisse Zeit hin merkt. Das Gelände sollte nicht zu übersichtlich sein, sonst wäre es ja keine Gedächtnisübung.

Lassen Sie ein Motivationsobjekt werfen. Der Hund sollte wie immer gut zusehen. Machen Sie jedoch, bevor Sie ihn loslaufen lassen, einige andere Übungen mit ihm oder gehen Sie einfach eine kleine Runde. Anschließend gehen Sie wieder genau an Ihren Ausgangspunkt, von wo aus der Hund den Wurf gesehen hat und lassen ihn laufen. Die Übung sollte unbedingt so gestaltet werden, dass der Hund wieder Erfolg hat. Machen Sie anfangs die kurze Unterbrechung mit anderen Übungen sehr kurz und steigern sie erst allmählich.

Als weitere Hilfe könnten Sie das Ziel vorher präparieren. Ohne dass der Hund zusieht, legt der Helfer mehrere Motivationsobjekte in kleinem Umkreis aus. Genau dahinein wirft er dann, wenn der Hund zusieht. So ist die Wahrscheinlichkeit, dass der Hund erfolgreich ist, sehr hoch. Es ist in diesem Schritt egal, ob er vielleicht mehrere Belohnungen findet und sich nicht entscheiden kann. Wichtiger ist, dass er Erfolg hat. Üben Sie an vielen unterschiedlichen Orten.

Schritt 10
Zwei Markierungen

Wählen Sie für diese Übung wieder ein flaches, übersichtliches Gelände. Der Hund soll sein Ziel schon vom Startpunkt aus sehen. Es geht jetzt darum, dass zweimal geworfen wird und er nacheinander zu beiden Zielen laufen soll.

Lassen Sie in dieser Übung Ihren Helfer einmal ein Motivationsobjekt in eine Richtung und ein anderes in eine andere Richtung werfen, sodass beide später aus Sicht des Hundes mehr als 90° auseinander liegen. Beim Werfen sollten Sie den Hund so neben sich ausrichten, dass er jeweils genau auf die Fallstelle sieht. Mit Ihrem Startsignal lassen Sie ihn laufen. Es ist eigentlich egal, zu welchem Ziel er zuerst hinläuft. Er sollte nur nicht zwischendurch wechseln. Ihr Markersignal muss wieder genau in dem Moment kommen, in dem der Hund sein Ziel erreicht. Müssen Sie den Hund am Ziel aus dem Futterbeutel belohnen, nehmen Sie ihn anschließend wieder mit zu Ihrem Ausgangspunkt. Ist die Belohnung ein Spielzeug, mit dem er sich amüsiert, rufen Sie ihn zu sich hin. Am einfachsten ist es, wenn er das Apportieren schon anbietet. Schicken Sie ihn als nächstes auf sein zweites Ziel. Da er es deutlich sieht, dürfte das kein Problem sein. Wiederholen Sie diesen Schritt einige Male, bis der Hund vertraut damit ist, zweimal hintereinander zu laufen.

Schritt 11

Zwei Markierungen als Gedächtnistraining

Jetzt gehen Sie wieder in ein Gelände, das nicht mehr so übersichtlich ist. Wiederholen Sie den Ablauf von Schritt 10. Diesmal ist das zweite Ziel wirklich eine Gedächtnisübung. Sollte der Hund Schwierigkeiten haben, zum Beispiel indem er zögert oder zu suchen beginnt, ohne auf direktem Weg zum Ziel zu laufen, wiederholen Sie besser noch einmal die beiden vorherigen Trainingsschritte.

Eine andere sinnvolle Hilfe ist, dass Sie die Markierung, die der Hund in der Übung als zweites arbeiten soll, vorneweg einmal als Einzelmarkierung üben. Dann ist es wieder wichtig, dass der Helfer bei den zwei Markierungen das Motivationsobjekt genau an dieselbe Stelle wirft. Dann ist das für den Hund eine Wiederholung und er sollte die Übung zuversichtlich ausführen.

Schritt 12

Einfache Markierungen auf unterschiedlichem Gelände

Suchen Sie sich jetzt viele unterschiedliche Geländevarianten und wiederholen Sie die unterschiedlichen Trainingsschritte dort. Es sollte sich aber immer noch um einfache Gelände handeln, nicht um Hindernisse oder sonstige Herausforderungen. Es geht in diesem Schritt darum, dass der Hund sein Auge bei unterschiedlichen Hintergründen schult.

Haben Sie bis hierhin trainiert, haben Sie einen guten Grundstein fürs Markieren gelegt. Weiter geht es dann, wenn der Hund auch apportieren kann und man beides miteinander verbinden kann (siehe Seite 109).

Marion arbeitet mit Mala eine Markierung in einem fremden Gelände.

Die Verlorensuche

Bei der Dummyarbeit geht es neben den bisher schon vorgestellten Übungen auch um die Verlorensuche. Das Dummy ersetzt ja im Training das Stück Wild, das die Hunde nach dem Schuss zum Jäger bringen sollen. Manchmal sehen sie und der Hundehalter dabei nicht, wo das geschossene Stück Wild hinfällt. Dann müssen sie nach Vorgabe des Schützen ein bestimmtes Gebiet absuchen und das darin befindliche Wild zum Jäger bringen. Die Hunde sollen sich dabei möglichst genau an den vorgegebenen Suchbereich halten, damit sie nicht weiteres Wild aufschrecken.

Die Aufgabe, die bei den Retrievern auch in Prüfungen bewertet wird, sieht dabei folgendermaßen aus:

Das Suchgebiet ist etwa 50 x 50 Meter groß. Bei schwierigem Gelände kann es auch etwas kleiner sein oder bei leichtem entsprechend größer. In diesem Suchgelände sind zehn oder mehr Dummys verteilt. Von einer Seitenlinie, der Grundlinie, schickt der Hundeführer seinen Hund zur Verlorensuche. Findet er einen Dummy, soll er ihn aufnehmen und auf direktem Wege zu seinem Menschen bringen. Dann wird er wieder losgeschickt. Auf diese Art und Weise soll er unterschiedlich viele Dummys bringen. Meist sind aber viel mehr Dummys im Suchgebiet als der Hund bringen soll.

In Ergänzung zu den bisherigen Aufgaben haben wir es also mit folgenden Herausforderungen zu tun, die da wären:

- Der Hund soll hintereinander mehrere Gegenstände finden.
- Er soll die gefundenen Gegenstände auf direktem Weg zum Hundeführer bringen, auch ohne zu tauschen, wenn er an einem weiteren Gegenstand vorbeikommt.
- Er soll sich in unterschiedlich schwere Gelände schicken lassen.
- Er soll ein vorgegebenes Gelände gründlich absuchen, wobei der Hundeführer auf der Grundlinie bleibt.
- Er soll wissen, dass er Dummys suchen soll.

Fangen wir mit dem letzten Punkt an: Der Hund soll die Dummys suchen. Das klingt sehr banal. Aber ist es das? Zunächst müssen Sie sich als Hundeführer wieder Gedanken machen, was Sie genau dem Hund beibringen wollen.

Für die neue Aufgabe muss der Hund also zunächst einmal lernen, was ein Dummy ist. Auch dazu lohnt es sich wieder Gedanken zu machen, um spätere Fehler in der Ausbildung möglichst zu vermeiden. Ein Dummy ist also ein unterschiedlich großes sackförmiges Gebilde, das aus unterschiedlichen Materialien bestehen und unterschiedliche Farben haben kann, unterschiedlich stark gefüllt ist und schließlich noch unterschiedlich riecht. Ganz schön kompliziert. Und das alles soll der Hund unter dem Begriff Dummy verstehen!

Wir müssen uns da sehr klar machen, dass Hunde keine Menschen sind und nicht automatisch das Konzept Dummy verstehen. Das hat für uns den Vorteil, dass wir die Übung wieder mit ganz anderen Mitteln beginnen können und sie so auch Hunden beibringen können, die nicht von Natur aus verrückt auf Dummys sind. Bauen wir es am besten wieder Schritt für Schritt auf:

DER HUND SUCHT EIN MOTIVATIONSMITTEL

Erste Vorübung für die Verlorensuche ist, dass der Hund sein Motivationsmittel suchen kann. Damit lernt der Hund im Prinzip das Konzept »Suchen«. Schließlich müssen wir ihm ja auf irgendeine Art und Weise vermitteln, was er tun soll. Wir haben das ja bei dem Aufbau des Suchen-Pfiffs beim Einweisen schon mal angesprochen (siehe Seite 59).

Zunächst ist es wichtig, etwas zu finden, was der Hund wirklich gerne mag. Seien Sie also nicht enttäuscht,

Auch kleine Hunde können in der Verlorensuche Großes leisten.

Kauknochen Dummy

wenn Ihr Hund kein Interesse an Dummys oder Bällchen zeigt. Diese Übung kann wieder jeder Hund lernen, vorausgesetzt er kann riechen. Ohnehin sollten Sie auch hier wieder aus den bereits genannten Gründen nicht mit Dummy arbeiten. Je nach Hund muss man also unter Umständen etwas einfallsreich sein. Eine Auswahl an Motivationsmitteln sind z. B. Spielzeuge oder Futter, von normalen Leckerchen über Leberwurst, Käse, getrocknete Lunge bis zu Pansen, Fischfilets und so weiter – oder auch mit Futter gefüllte Spielzeuge.

Für diese Grundübung in Sachen Verlorensuche sollten Sie wirklich das Nonplusultra für den Hund finden. Nur wenn er nämlich wirklich motiviert ist, zu finden, haben wir eine Chance, ihm die Aufgabe zu erklären. Außerdem unterstützen wir damit, dass er später auch wirklich mit Eifer suchen wird. Das Suchen des Motivationsmittels ist nur der Einstieg. Später wird der Hund uns dann auch die Dummys suchen. Aber das lernt er erst Schritt für Schritt.

Schritt 1

Halten Sie Ihren Hund fest oder lassen Sie ihn halten, machen Sie ihn »heiß« auf sein Motivationsmittel und legen oder werfen Sie es etwa zwei bis drei Meter vom Hund entfernt, so dass er es sehen kann. Mit dem Kommando »Such« lassen Sie ihn dann laufen. Er sollte sofort zu dem Motivationsmittel laufen, sonst war es vielleicht doch noch nicht spannend genug. Anstelle von »Such« können Sie natürlich auch alle möglichen anderen Worte verwenden. Wichtig ist nur, dass Sie das einmal ausgewählte auch beibehalten.

Vielleicht fragen Sie jetzt: »Warum soll ich ›Such‹ sagen? Der Hund muss ja gar nicht suchen, sondern kann direkt hinlaufen.« Bedenken Sie: Wir sind hier erst bei Schritt eins von einer Reihe von Schritten, die dem Hund am Ende deutlich machen, dass er suchen soll. Also haben Sie Geduld, wir kommen schon zum Ziel. Wiederholen Sie diesen Schritt mindestens zehn Mal.

Schritt 2

Das Motivationsmittel wird leicht versteckt, aber noch so, dass der Hund zusehen kann. Dieser wird dann mit dem gewählten Kommando losgelassen und überschwänglich belohnt, wenn er »findet«. Auch diesen Schritt sollten Sie mindestens ein halbes Dutzend Mal wiederholen.

Schritt 2: Britta versteckt das Motivationsmittel, Luna schaut zu.

Schritt 3

Täuschen Sie jetzt mehrere Verstecke an. Der Hund sieht immer noch zu. Achten Sie dabei darauf, dass er wirklich nicht sieht, in welches der drei bis vier Verstecke Sie das Motivationsmittel nun deponieren. Das ist oft gar nicht so einfach, denn Hunde sind gute Beobachter. Jetzt muss er also zum ersten Mal wirklich die Verstecke absuchen, wenn er seine Belohnung finden will.

Denken Sie dann natürlich daran, dem Hund auch deutlich zu zeigen, wie toll Sie ihn finden, wenn er gefunden hat.

Schritt 4

Haben Sie Schritt drei einige Male wiederholt, ist es an der Zeit, das Motivationsmittel wirklich zu verstecken, das bedeutet: Der Hund sieht nicht mehr länger zu. Sie sollten diesen Schritt jedoch am gleichen Ort wie die vorhergehenden üben, also im gleichen Zimmer oder an der gleichen Stelle draußen im Gelände. Damit helfen Sie dem Hund, sich daran zu erinnern, was er machen soll. Sie können nämlich noch nicht von ihm erwarten, dass er das Kommando schon versteht.

Der Hund wird also in einen anderen Raum gebracht oder draußen im

Schritt 4: Iris lenkt Billy ab, während Kerstin das Suchobjekt versteckt.

Dennoch versteht Billy, was von ihm erwartet wird.

Gelände abgelenkt, damit er nicht sieht, wo das Versteck nun ist. Mit dem gleichen Ritual wie zuvor, das heißt dem gleichen Kommando und den gleichen Bewegungen, schicken Sie ihn los. Jetzt wird deutlich, ob er schon eine Idee davon hat, was er machen soll. Macht er sich sofort auf die Suche, haben Sie es geschafft, ihm das Konzept »Suchen« beizubringen. Sie können ihm natürlich auch einige Sekunden Bedenkzeit lassen, damit er sich erinnern kann.

Schritt 5

In diesem Schritt geht es nun darum, den Ort zu wechseln. Schließlich soll das Kommando ja überall gelten. Üben Sie also an vielen unterschiedlichen Orten, das heißt in allen Zimmern im Haus, im Garten, im Wald, auf dem Parkplatz und so weiter.

Nur so kann der Hund lernen, dass das Kommando auch überall gilt. Das darf man nicht voraussetzen, weil Hunde sehr kontextspezifisch lernen, das heißt etwas, was sie an einem Ort gelernt haben, können sie normalerweise noch lange nicht an einem anderen.

Mögliche Schwierigkeiten:

Bei der Ausführung der Schritte 1 bis 3 gibt es Probleme.

Tauchen in Schritt 1 bis 3 Schwierigkeiten auf, bedeutet das, dass der Hund nicht gut genug motiviert ist. Sie sollten sich also da noch einmal Gedanken um das Motivationsmittel machen. Was ein Motivationsmittel ist, entscheidet letztendlich der Hund. Wir können dem Hund etwas aus unserer Sicht noch so Tolles vorsetzen, wenn er es nicht lohnend findet, dafür zu arbeiten, ist es nicht wirklich ein Motivationsmittel.

Wir arbeiten gerne (so als As im Ärmel, falls sich ein Hund auf einem Seminar mit herkömmlichen Mitteln nicht motivieren lässt) mit einer Tube, die mit den unterschiedlichsten Leckereien gefüllt werden kann. Leere, immer wieder neu befüllbare Tuben gibt es im Outdoor-Bedarf. Bei der Füllung sind der Fantasie kaum Grenzen gesetzt.

In seltenen Fällen gibt es auch Hunde, die übermotiviert sind und vor lauter Motivation regelrecht blockiert sind, irgendetwas zu machen. Labradore fallen manchmal darunter. Hier hilft es unter Umständen, ein weniger gutes Motivationsmittel zu nehmen. Wenn auch das nicht hilft, lernen sie oft durch Zusehen. Auch wenn es jetzt albern klingt: Lassen Sie den Hund einige Male zusehen, wie Sie »suchen« oder einen anderen Hund suchen lassen. In dem Fall wird dann durch Abgucken gelernt – auch eine Möglichkeit.

Der Hund schafft den Übergang von Schritt 3 nach Schritt 4 nicht. Solange er zusehen kann, sucht er ohne Probleme. Wenn er aber nicht zusehen kann, wie das Motivationsmittel versteckt wird, scheint er auf dem Schlauch zu

Verschiedene Startrituale für die Verlorensuche.

stehen. Er weiß dann nicht, was er machen soll.

Achten Sie bei den ersten Übungsschritten auf ein einheitliches Ritual, das dem Hund hilft, sich darauf einzustellen, was auf ihn zukommt. Dazu könnte beispielsweise gehören, dass Sie sich neben ihn knien, mit der linken Hand ins Halsband greifen mit der rechten an seiner Nase vorbei eine Richtung angeben, ihm etwas Aufmunterndes ins Ohr flüstern und schließlich mit dem Wörtchen »Such« loslassen.

Haben Sie das alles gemacht und der Hund steht immer noch auf der Leitung, wenn er zuvor nicht beim Verstecken zusieht, können Sie Zwischenschritte einbauen. Lassen Sie ihn zusehen, wie Sie das Motivationsobjekt verstecken, lassen Sie ihn jedoch nicht sofort zum Suchen los. Stattdessen machen Sie erst einige Übungen mit ihm oder, wenn Sie draußen im Gelände üben, gehen Sie einige Schritte mit ihm spazieren. Dann gehen Sie zur ursprünglichen Stelle zurück, spulen Ihr Ritual ab und lassen den Hund los. Nun sollte er wissen, worum es geht. Lassen Sie die Pause zwischen Verstecken und Loslassen anfangs kurz und dehnen Sie sie langsam aus. Nach einigen Wiederholungen können Sie dann zu Schritt 4 übergehen.

Der Hund hat Probleme mit dem Suchen an anderen Orten.

Hat der Hund Schwierigkeiten mit Schritt 5, also dem Suchen an anderen Stellen, wiederholen Sie dort noch mal kurz die Schritte von 1 bis 4. Unter Umständen müssen Sie das an mehreren Stellen machen. Es wird aber jedes Mal etwas schneller gehen, bis der Hund versteht, was er machen soll. Bald kann er es dann auch an einem völlig fremden Ort.

Schritt 6

Das Motivationsmittel wird zusammen mit einem Apportiergegenstand ausgelegt, das heißt: Ab jetzt liegt immer der gleiche Apportiergegenstand neben oder sogar auf dem Motivationsmittel. Wiederholen Sie diesen Schritt an mindestens zehn verschiedenen Orten jeweils dreimal.

Anmerkung: Sollten Sie in der Apportierübung noch nicht mindestens bei Schritt 16 sein, verwenden Sie hierfür einen eigenen Gegenstand.

Schritt 7

Dieser Schritt ist ein ganz entscheidender. Der Apportiergegenstand wird

Schritt 6: Apportel über Futter.

alleine ausgelegt, ohne das Motivationsmittel. Sie sollten jetzt sehr konzentriert sein und sehr gut aufpassen. Wahrscheinlich wird der Hund bei der Suche kurz am Apportiergegenstand zögern, weil da ja in letzter Zeit immer das Motivationsmittel gelegen hatte, so nach dem Motto: »Nanu, hier müsste doch eigentlich meine Belohnung sein. Wo ist sie denn?«

Dieses kurze Zögern müssen Sie ganz dringend »einfangen«. Mit »Einfangen« meinen wir auf den Punkt belohnen. Das geht am besten mit einem Klicker oder sonstigem sekundären Verstärker. Sofort, nachdem Sie das Zögern mit dem Klicker oder auch mit einem Lobwort markiert haben, bekommt der Hund das ursprüngliche Motivationsmittel als Belohnung. An dieser Stelle müssen Sie ihm wieder ganz besonders zeigen, wie toll er ist. Denn jetzt soll er ja die Idee der neuen Aufgabe bekommen, eben diesen Apportiergegenstand zu suchen. Er lernt jetzt, dass die Belohnung eben auch kommt, wenn sie nicht sofort sichtbar ist. Er braucht nur den Gegenstand zu finden, dann gibt es auch die tolle Belohnung. Hat man einen sehr apportierfreudigen Hund, der alles anbringt, was er findet, braucht man natürlich nicht auf ein Zögern zu warten, denn er wird vielleicht gar nicht zögern. Oben beschriebener Trainingsaufbau ist eher für Hunde, die nicht so

Romeo entdeckt das Apportel.

viel Interesse an anderen Gegenständen außer Futter haben.

Wiederholen Sie diesen Schritt einige Male.

Schritt 8

In diesem Schritt wird der Hund nicht mehr sofort auf den Punkt belohnt, sondern die Belohnung wird um ein bis zwei Sekunden herausgezögert. Kann der Hund schon apportieren, können Sie das jetzt einbauen.

Mögliche Schwierigkeiten:
Bei Schritt 7 reagiert der Hund überhaupt nicht auf den alleine liegenden Gegenstand. Er hat also noch gar keinen Zusammenhang zwischen ihm und Motivationsobjekt hergestellt.
Es gibt verschiedene Möglichkeiten: Sie können Schritt 6 noch einige Male wiederholen. Wenn Sie dann wieder zu Schritt 7 übergehen, müssen Sie wirklich sehr aufmerksam sein. Vielleicht bitten Sie eine Hilfsperson, damit Sie zu zweit nach einem Zögern Ausschau halten. Sie können auch belohnen, wenn der Hund nur zufällig dem Apportiergegenstand recht nahe kommt. Nach einigen Wiederholungen sollte er dann verstehen, worum es geht.

Mögliche Fallstricke in der Ausbildung:
Mit Fallstricken meinen wir Fehlverknüpfungen, die der Hund bilden kann. Fehlverknüpfungen bedeutet, dass er etwas anderes lernt, als wir uns ursprünglich vorgenommen haben. Da wir nie genau vorhersagen können, was der Hund letztendlich verknüpft, ist es sehr sinnvoll, in dieser Hinsicht besonders wachsam zu sein.

Die häufigste Fehlverknüpfung bei der Verlorensuche ist die, dass die Suche gar nicht frei ist, sondern dass sich der Hund an Ihrer Spur orientiert. Deshalb ist beim Trainingsaufbau darauf zu achten, dass möglichst keine Geruchsspur gelegt wird. Sie sollten den Gegenstand auswerfen anstatt auslegen und das, wenn es geht, auch »von hinten«. Gehen Sie also ein großes Stück in einem möglichst großen Bogen in das Suchgebiet hinein und werfen dann auf die Startposition des Hundes zu. Dann ist die Wahrscheinlichkeit, dass er Ihrer Spur folgt, sehr gering.

Schritt 9

Führen Sie jetzt das Kommando und das Ritual für »Such verloren« ein. Das könnte zum Beispiel sein, dass Sie dem Hund mit einer Geste signalisieren, dass etwas verloren wurde (wie auf den Fotos Seite 80).

Wir empfehlen Ihnen, dass Sie die Kommandos und Rituale, die Sie für die unterschiedlichen Übungen verwenden, genau aufzuschreiben, damit Sie sie auch immer beibehalten.

Schritt 10

Lassen Sie den Hund nun einen neuen Gegenstand suchen. Das ist wieder ein ganz entscheidender Schritt in der Ausbildung! Beobachten Sie den Hund bei der Suche genau. Sobald er beim Finden des neuen Gegenstandes auch nur kurz zögert, wird er mit einem Jackpot belohnt. Die meisten Hunde zögern wenigstens kurz, und das gilt es einzufangen.

Dieser neue Gegenstand sollte immer noch kein Dummy sein. Es geht jetzt darum, dass der Hund lernt, dass er nicht nur einen bestimmten Gegenstand suchen soll, sondern zunächst alles, was nach seinem Menschen riecht. Bietet der Hund das Apportieren schon an, sollten auch die jetzt verwendeten Gegenstände sich gut zum Apportieren eignen.

Schritt 11

Arbeiten Sie in dieser Art mit unterschiedlichen Gegenständen, die zunächst noch alle Ihren Geruch tragen, so lange, bis der Hund sie sicher anzeigt. Das heißt, dass er Sie Ihnen entweder bringt oder Ihnen auf andere Weise deutlich zeigt, dass er gefunden hat, indem er zum Beispiel freudig mit dem Schwanz wedelt oder beim Gegenstand stehen bleibt und Sie erwartungsvoll ansieht.

Schritt 12

Bitten Sie nun eine Hilfsperson, Ihre Gegenstände eine Weile in den Händen zu halten und dann zu »verlieren«. Auf diese Weise führen Sie den Hund langsam an fremde Gerüche heran. Toll ist es, wenn Sie das mit mindestens fünf verschiedenen, dem Hund teilweise völlig fremden Menschen machen können.

Schritt 13

Jetzt ist es an der Zeit, Gegenstände von fremden Personen suchen zu lassen. Wenn also mal eine andere Person mit Ihnen spazieren geht, bitten Sie sie, unterwegs etwas zu »verlieren« und schicken Sie Ihren Hund dann zurück zum Suchen. Das ist jetzt wieder so ein entscheidend neuer Schritt in der Ausbildung, bei dem Sie sehr aufpassen müssen. Auch hier gilt wieder, dass die meisten Hunde diesen fremden Gegenstand wenigstens kurz wahrnehmen. Und das müssen Sie wieder einfangen! Natürlich gibt es dann einen Jackpot, also eine ganz besonders tolle Belohnung!

Schritt 14

Üben Sie nun mit vielen unterschiedlichen Gegenständen von unterschiedlichen Personen. Diese Personen müssen nicht immer mit Ihnen spazieren gehen. Sie können sich auch Dinge ausleihen, die Sie sich in eine Tüte mit Zippverschluss stecken lassen. Damit können Sie auch fremde Gegenstände mitnehmen, ohne dass Sie sie anfassen müssen.

Schritt 15

Üben Sie nun mit zwei Gegenständen, die Sie im Gelände verstecken. Der Hund soll also lernen, dass er nach einem Fund ein zweites Mal zum Suchen los soll.

Steigern Sie bis auf fünf Gegenstände.

Schritt 14: Suche in unterschiedlichem Gelände.

Schritt 16

Trainieren Sie in vielen unterschiedlichen Gebieten mit unterschiedlichen Windrichtungen.

Mögliche Schwierigkeiten:

Den Hund interessiert ein neuer Gegenstand überhaupt nicht. Er beachtet ihn nicht, sondern sucht nur nach dem, den er bisher gesucht hat. Es ist auch kein kurzes Zögern zu beobachten oder Sie haben es beim ersten Mal verpasst und nun zeigt der Hund es nicht wieder.

Wiederholen Sie die Schritte 6 - 8 mit dem neuen Gegenstand, allerdings schon mit dem Ritual aus Schritt 9. Das müssen Sie unter Umständen mit mehreren Gegenständen machen, bis Schritt 10 sicher klappt.

Der Hund zeigt alles mit Ihrem eigenen Geruch sehr schön an, nicht aber etwas von einer fremden Person.

Sie können entweder die Schritte 6 - 8 noch einmal wiederholen, diesmal eben sofort mit fremden Gegenständen, oder Sie trainieren intensiver an Schritt 12. So könnte eine Hilfsperson Ihren Gegenstand anfangs nur kurz in den Händen haben, mit der Zeit aber immer länger oder vielleicht sogar eine Nacht mit nach Hause nehmen. Achten Sie darauf, dass Sie nicht nur mit einer Person üben.

Der Hund läuft immer über die Grenzen des Suchgeländes hinweg.
Der Hund kann natürlich nicht wissen, wie groß das Suchgelände ist. Eine gewisse Strecke darf er deshalb auch über die Grenzen des Suchgeländes hinauslaufen. Manchmal ist das ja sogar von der Windrichtung her notwendig. Läuft der Hund aber ständig zu weit weg, ist es sinnvoll, ihm ein Kehrt-Kommando beizubringen, auf das er umdrehen soll.

Der Hund sucht immer nur vorne im Gelände und lässt den hinteren Teil aus.
Manche Hunde lösen sich nicht gerne vom Hundeführer. Ihnen fällt es schwer, im hinteren Bereich des Suchgeländes zu arbeiten. Mit einem solchen Hund sollte man nach und nach die Entfernung vergrößern, in der er einen Gegenstand findet. Erst, wenn er einen einzelnen Gegenstand in größerer Entfernung finden kann, ist es sinnvoll, ihn in ein Suchgebiet mit mehreren Gegenständen zu schicken.

Der Hund überläuft immer den vorderen Teils des Geländes und sucht erst hinten.
Das passiert in der Regel mit sehr energiegeladenen, übereifrigen Hunden. Es gibt mehrere Möglichkeiten. Eine ist, den Hund so anzusetzen, dass er einen Gegenstand aus der Nähe sofort in der Nase haben kann. Sie müssen also auf die Windrichtung achten und wissen, wo ein Gegenstand in der Nähe liegt. Dabei ist wichtig, dass weiter hinten keine Gegenstände liegen, sodass der Hund kein Erfolgserlebnis hat, wenn er doch zuerst nach hinten läuft.

Eine nächste Möglichkeit ist die, dass Sie den Hund eine Weile an die lange Leine nehmen, bis er gelernt hat, auch in der Nähe zu suchen.

Oder Sie gehen genau anders herum vor wie bei der vorherigen Schwierigkeit. Der Hund soll zunächst einen Gegenstand auf Entfernung suchen, die Sie dann nach und nach verringern. Erst, wenn er das an einem Gegenstand kann, wird er wieder in ein Gebiet mit mehreren geschickt. Später im Training müssen Sie darauf achten, dass die Gegenstände immer gut verteilt sind, der Hund also immer wieder sowohl vorne als auch hinten suchen muss.

Der Hund lässt sich nur für einen Gegenstand motivieren. Danach hat er keine Lust mehr.
Dieses Problem stellt sich häufig, wenn über zu lange Zeit nur mit einem Gegenstand gearbeitet wird. Oder man findet es bei Hunden, die sowieso nicht so sehr für die Arbeit zu motivieren sind. Die Vorgehensweise ist die gleiche: Eine Möglichkeit ist, dass Sie nach einer Suche eine Pause machen, bis der Hund wieder »fit« ist. Danach darf er den nächsten Gegenstand suchen. Diese Pause wird dann von Mal zu Mal immer kürzer gehalten, bis sie schließlich ganz wegfällt.

Wenn es nötig ist, kann die Verlorensuche auch an langer Leine trainiert werden.

Eine andere Möglichkeit ist die, dass Sie den Hund zunächst einen Gegenstand suchen lassen. Wenn er ihn bringt, lassen Sie einen weiteren in unmittelbarer Nähe auslegen, ohne dass der Hund es sieht. Schicken Sie ihn jetzt noch einmal zur Suche los, sollte er diesen Gegenstand sofort in die Nase bekommen. Damit hat er ein weiteres Erfolgserlebnis, das ihn bestimmt motiviert.

Hunde, die sich übers Werfen motivieren lassen, kann man nach der Suche des einen Gegenstandes auch einen zweiten ins Gelände werfen.

Später wird ähnlich mit einem dritten oder einem vierten Gegenstand verfahren. Dann ist es wichtig, dass Sie immer an einer unterschiedlichen Anzahl trainieren, damit sich der Hund nicht wieder auf eine bestimmte Zahl festlegt.

Der Hund wartet im Gelände auf Hilfe von seinem Menschen. Er »fragt«, wo er suchen soll.

Hier muss man zunächst hinterfragen, ob der Trainingsaufbau so war, dass der Hund die Übung auch wirklich schon verstanden hat. Nicht immer hat der Hund in dieser Beziehung die gleiche Auffassung wie wir. Wir müssen uns aber immer nach dem Hund richten. Sicherheitshalber würde man also die Trainingsschritte noch einmal durchgehen, um dem Hund die Auf-

Silas »fragt« Michaela, wo er suchen soll.

gabe wirklich klar zu machen.

Ist das der Fall, darf man dieses Fragen natürlich nicht belohnen, indem man dem Hund dann hilft. Hunde sind natürlich auch gerne bereit, Energie einzusparen und nutzen nur zu gerne die Hilfen des Hundeführers. Tun Sie einfach so, als würden Sie das gar nicht bemerken. Hat er die Aufgabe verstanden, wird er schon weiter suchen.

Damit haben wir jetzt die letzte Säule trainiert und können uns an die Spitze wagen. An dieser Stelle bitte noch einmal unser Appell: Gehen Sie im Training wirklich erst weiter, wenn diese vier Säulen sicher klappen. Zumindest sollte das Apportieren zusammen mit der entsprechenden anderen Säule sicher sitzen, bevor Sie sich an die Aufgaben in der Spitze heranwagen.

Viele Trainingsfehler entstehen, weil das Training zu schnell und unsystematisch aufgebaut wird. Dann kommt es zu Fehlern wie dem Tauschen beim Apportieren, dem Einspringen beim Markieren, dem Nichtbeachten von Signalen beim Einweisen oder dem Fragen in der Verlorensuche.

Solche Fehler sollten gar nicht erst auftauchen. Dann braucht man sich auch keine Gedanken zu machen, was man dagegen tun kann.

Daher nehmen Sie bitte einen Schritt nach dem anderen und Ihnen und Ihrem Hund wird ein erfolgreiches Training sicher sein. Das macht beiden Spaß und motiviert.

Die Spitze

Jetzt kommen endlich die spannenden Aufgaben! Aber bitte arbeiten Sie zuerst die Grundlagen, bevor Sie sich an die Spitze unseres Gebäudes machen. Es ist viel schwieriger, einen Fehler, der sich eingeschlichen hat, wieder wegzutrainieren, als dafür zu sorgen, dass erst gar keiner entsteht, indem man die Trainingsschritte eben klein genug macht – auch, wenn das zunächst etwas mühsam erscheint.

Hinterfragen Sie deshalb kritisch, ob der Hund wirklich schon weit genug ist. Wie immer hilft uns bei der Entscheidung die Frage: Würden Sie hundert Euro darauf verwetten, dass der Hund die gestellte Aufgabe richtig löst? Wenn nicht, ist dieser Trainingsschritt noch zu schwer und man geht besser einige Trainingsschritte zurück, auch wenn die Aufgaben noch so verlockend erscheinen.

Das Apportieren mit Dummy

Wiederholen Sie hier die Schritte 1 - 20 des Apportierens (siehe Seite 20) mit einem Dummy. Wahrscheinlich werden Sie einige Schritte sehr schnell durchgehen können.

Tragen in der Mitte

Achten Sie mit dem Dummy darauf, dass der Hund es schön in der Mitte trägt. Das erreichen Sie, indem Sie ihm das Dummy in Schritt 5 so hinhalten, dass er es nur in der Mitte aufnehmen kann. In den nächsten Schritten belohnen Sie den Hund deutlich besser, wenn er das Dummy mittig trägt. Trägt er es am Ende, gibt es nur eine Mini-Belohnung. Sie können auch mal versuchen, den Hund ein extrem großes Dummy apportieren zu lassen. Das wird er in der Mitte aufnehmen müssen, weil er sonst seine Schwierigkeiten hat. Manche Hunde verallgemeinern das sehr schön auf alle Dummys. Manche nicht. Da bleibt einem das Training einfach nicht erspart.

Guter Griff

Der Hund soll das Dummy gut halten, aber nicht so feste, dass es nachher Löcher hat. An dem Kauen wurde ja schon bei den Grundlagen in Schritt 7 beim Apportieren gearbeitet. Das sollte der Hund also sowieso nicht tun, sonst sind Sie zu schnell vorgegangen. Dennoch könnte er einen so festen Griff haben, dass das Dummy punktiert ist. Aus diesem Grund sollte ein Dummy auch nie zu einem Zerrspiel verwendet werden. Das provoziert ein festes Beißen des Hundes. Manchmal ist es aber auch einfach die Art des Hundes, sehr feste zuzupacken.

Wenn das der Fall sein sollte, würde ich die Arbeit mit den Dummys wieder vorübergehend beenden. Mit jedem Mal, dass der Hund diesen Fehler macht, lernt er das nämlich.

Gut geeignet ist eine kleine Zwischenübung mit leeren kleinen Plastikflaschen. Die sollte der Hund so apportieren, dass sie nicht eingedrückt werden. Dafür belohnen Sie ihn differenziert. Drückt er sie ein, gibt es keine Belohnung, bleiben sie ganz, gibt es eine große Belohnung. Erst, wenn das gut klappt, gehen Sie wieder an die Dummys.

Nicht tauschen

Der Hund darf später ein Dummy, das er im Maul hat, unter keinen Umständen tauschen. Das hat seinen Hintergrund in den jagdlichen Aufgaben. Er könnte ja eine verletzte Ente im Maul haben, läuft an einer anderen geschossenen Ente vorbei und lässt die verletz-

te fallen, um die andere zu nehmen. Das darf natürlich schon aus Tierschutzgründen nicht sein, weil die verletzte Ente so schnell wie möglich getötet werden sollte.

Außerdem ist es auch wieder eine schöne Trainingsherausforderung, selbst wenn man mit seinem Hund nie auf die Jagd oder auch nie an einer Dummyprüfung teilnehmen möchte.

Lassen Sie den Hund einige Dummys hintereinander apportieren, bis Sie sicher sind, dass diese ganze Verhaltenskette gut klappt.

Wenn das der Fall ist, legen Sie ein Dummy aus und werfen ein weiteres, das der Hund holen soll, darüber hinaus. Wahrscheinlich wird er zu dem zuletzt geworfenen Dummy laufen, denn das ist für ihn einfach spannender.

Lisa zeigt mit Nuja eine Apportiersequenz mit Dummy: Nuja bleibt sitzen, wenn das Dummy geworfen wird, läuft es holen und sitzt schön vor zum Abgeben.

Auf dem Rückweg läuft er dann aber an dem ersten Dummy vorbei. Sollte er dafür Interesse zeigen, rufen Sie ihn schnell zu sich. Tauscht er dennoch schnell, bevor er kommt, müssen Sie zum einen besser an dem Komm-Kommando arbeiten. Zum anderen sollten Sie die Aufgabe beim nächsten Mal leichter machen, indem das Verleitungsdummy in einem größeren Abstand liegt. Auch hier gilt wieder das Prinzip, dass Sie die Aufgabe nur so schwer machen sollten, dass der Hund auch Erfolg hat.

Kommt er aber dennoch mit dem falschen Dummy, reagieren Sie gar nicht darauf. Nehmen Sie es kommentarlos und wiederholen Sie die Übung beim nächsten Mal leichter.

Auf Seite 45 erklären wir, wie der Hund beim Einweisen aus mehreren Spielzeugen wählen kann. Genauso kann man es später mit dem Dummy machen. Auch das ist eine schöne Möglichkeit, dem Hund das Tauschen uninteressant zu machen. Es ist dann lohnender sofort mit einem Gegenstand im Maul zu kommen, als noch lange herumzusuchen oder zu tauschen.

Hält Scott das Dummy am Ende fest statt schön in der Mitte, wird er weniger toll belohnt.

Das Einweisen mit Dummy

Nachdem der Hund ja jetzt schon mit den Grundlagen im Einweisen vertraut ist, bauen wir das Ganze jetzt mit dem Apportieren zusammen. Wir möchten hier noch einmal betonen, wie wichtig es ist, dass jede Übung für sich alleine genommen richtig gut klappen sollte, bevor zusammengesetzt wird. Es ist wichtig, immer am schwächsten Glied zu arbeiten!

Überlegen wir uns noch einmal, was beim Einweisen wichtig ist:

- Der Hund soll sich, auch auf Entfernung, gut in die verschiedenen Richtungen steuern lassen.
- Er muss sich überhaupt einmal gut in eine bestimmte Richtung schicken lassen und die vorgegebene Richtung auch einhalten.

Bisher haben wir in den Grundlagen ja mit relativ kleinen Entfernungen gearbeitet. Das waren ja wirklich nur Grundlagen. Machen Sie versuchsweise mal mit einem Freund folgende Übung: Ohne dass Sie mit Worten erklären, wohin er gehen soll, schicken Sie ihn nur mit Handzeichen im Gelände auf einen von Ihnen gewählten Punkt in etwa zweihundert Metern Entfernung. Sie werden feststellen, wie schwierig es ist, dass er überhaupt eine gerade Linie einhält.

Jetzt überlegen Sie sich, wie Sie es anstellen würden, wenn es hieße, Sie müssten zweihundert Meter in einer möglichst geraden Linie gehen. Wahrscheinlich würden Sie sich doch einen Punkt in der Ferne suchen, der Ihnen die Richtung angibt, damit Sie Ihre Linie auch einhalten können.

Genau das wollen wir auch den Hunden beibringen. »Präge dir einen Punkt ein in der Ferne, der mit der von mir angegebenen Richtung übereinstimmt und laufe auf direktem Weg dorthin.« Der Hund soll also lernen, sich Bilder einzuprägen, die ihm als Richtungsweiser dienen.

Als Vorübung haben wir mit unseren Sichthilfen, den blauen Pylonen oder Fahnen gearbeitet. Damit hat der Hund sozusagen ein vorübergehendes Ziel, das er sich einprägen soll. Im Laufe der Ausbildung werden wir das auf ein natürliches Ziel umtrainieren.

Ein schönes langes Vorausschicken ist eine schwierige Trainingsherausforderung. Und wenn man es geschafft hat, dem Hund beizubringen, über eine lange Strecke gerade zu laufen, ist die nächste Schwierigkeit, das auch aufrecht zu erhalten. Wir werden uns jetzt also eine Weile damit beschäftigen und dabei dem Hund so viele Hilfen geben, wie er braucht, um möglichst immer erfolgreich zu sein.

Voranschicken mit sichtbarer Hilfe

Die folgende Übung wird unsere Grundübung für das Einweisen. Immer, wenn etwas Neues im Training eingeführt wird, werden wir wieder auf diese Übung zurückgreifen. Sie ermöglicht uns, dem Hund zu helfen und ihm trotzdem das Lernziel zu vermitteln.

Für den Anfang brauchen Sie ein ebenes Gelände mit nicht zu viel Bewuchs, mehrere Dummys, eine Dummytasche und eine blaue Sichthilfe. Diese sollten Sie so anwenden können, dass der Hund sie auch aus großer Entfernung noch aus *seiner* Perspektive wahrnehmen kann. (Wenn der Bewuchs höher ist, kann man die Pylone z. B. auf einen Stock stecken.)

Stellen Sie also die Pylone aus und legen Sie davor mehrere Dummys aus. Die Übung sollte so aufgebaut sein, dass der Hund beim Laufen den Wind möglichst im Rücken hat, er also nicht verleitet wird, mit der Nase nach den Dummys zu suchen.

Lassen Sie den Hund beim ersten Mal ruhig zusehen, wie Sie die Übung aufbauen. Gehen Sie dann mit dem Hund an den Start und schicken Sie ihn etwa aus zehn Metern Entfernung zu den Dummys und lassen ihn eines apportieren. Jetzt wird also das bisher Gelernte zusammengebaut.

Achten Sie auf Ihr Startritual. »Voran« sollte das Signal sein, mit

Die Pylone aus Sicht des Menschen ...

... und aus der des Hundes.

dem der Hund letztendlich losläuft. Aber vorher können Sie auch eine Menge Informationen geben. Wie schon in den Grundlagen beschrieben, sollten Sie sich in Richtung des Ziels ausrichten. Das ist sehr wichtig, denn über Ihre Körpersprache können Sie ihm sozusagen in seiner Sprache die Richtung angeben. Sie können ihm beibringen, dass Sie ihm zusätzliche Information geben, wenn er sich in die richtige Richtung orientiert. Genau in dem Moment bekommt er ein Signal, was ihm sagt: »Genau das ist die richtige Richtung!« Das könnte zum Beispiel die Hand sein, die Sie neben den Hundekopf halten oder aber ein Wort wie zum Beispiel »Gut«. Wichtig ist nur, dass Sie dieses Signal dann wirklich wie einen sekundären Verstärker einsetzen, das heißt Ihre Hand gibt dem Hund nicht die Richtung an, sondern bestätigt ihm die von ihm angepeilte Richtung, die er sich anhand Ihrer Körpersprache bzw. jetzt zu Beginn auch noch anhand der Pylone selbst gesucht hat.

Nach dem Losschicken mit »Voran« sollte der Hund zügig zum Ziel laufen, einen Dummy nehmen und wieder zu Ihnen kommen. Achten Sie darauf, dass jetzt auch das Abgeben vorbildlich durchgeführt wird. Sollte sich da zeigen, dass der Hund nicht sauber arbeitet, muss das unbedingt separat geübt werden.

Es könnte jetzt sein, dass der Hund sich nicht gleich entscheiden kann, welches Dummy er mitbringen soll, weil ja mehrere zur Auswahl liegen. Das kann man in der Regel aber ignorieren, weil das sich mit der Zeit geben wird. Eventuell können Sie den Hund rufen, sobald er ein Dummy im Maul hat, um ihn damit vom Auswählen abzubringen. Wenn er die Übung mehrere Male macht, wird das aber sowieso nachlassen, weil er sich daran gewöhnt hat. Mehrere Dummys auf einem Haufen erleichtern Ihnen aber sehr die Arbeit, weil Sie den Hund mehrmals schicken können, ohne immer wieder »nachladen« zu müssen.

In Fünf-Meter-Schritten steigern Sie nun geradlinig die Entfernung zur Pylone und dem Dummyhaufen. Der Hund läuft also mehrmals die gleiche Strecke.

Legen Sie bitte die Dummys, die der Hund Ihnen bringt, in die umgehängte Dummytasche. Stellen Sie diese nicht auf den Boden, weil dieser Geruch den Hund später in der Arbeit stören könnte. So gewöhnen Sie es sich gar nicht erst an. Außerdem zeigen Sie damit dem Hund, wie wichtig Ihnen die Dummys sind. Sie bedeuten Ihnen wirklich etwas und werden nicht achtlos an Seite gelegt. Das hat einen nicht zu unterschätzenden Einfluss auf die Motivation des Hundes! Mit dieser Übung gewöhnen wir den Hund an die sichtbare Hilfe und bauen Entfernung auf. Steigern Sie so die Entfernung über mehrere Trainingsdurchgänge auf zweihundert Meter.

Dabei ist es natürlich wichtig, dass Sie den Hund niemals überfordern.

Besonders, wenn es an die größeren Entfernungen geht, sollten Sie nie zu viele Wiederholungen hintereinander machen, weil das sehr anstrengend ist. Die Faustregel heißt: Hören Sie auf, wenn es am schönsten ist.

Zeigt der Hund Ermüdungserscheinungen oder hat er auch nur keine Lust mehr, haben Sie zu viel verlangt. Es empfiehlt sich das Führen eines Trainingstagebuches, damit Sie immer wissen, woran Sie sind.

Bilder lernen

Wir haben davon gesprochen, dass der Hund lernen soll, sich ein Ziel in der Ferne als Anhaltspunkt zu wählen, um in gerader Linie laufen zu können. Das hat er zwar in der vorherigen Übung gemacht, aber dummerweise stehen nicht immer Pylonen in der Landschaft, nach denen sich der Hund orientieren kann.

Hat der Hund also gelernt, auf eine gute Entfernung vorangeschickt zu werden, machen Sie die Übung mit einer kürzeren Entfernung, zum Beispiel fünfzig Meter. Sie platzieren wieder die Pylone und vier bis fünf Dummys davor. Diesmal muss der Hund nicht mehr zusehen. Er sollte die Übung inzwischen verstanden haben.

Lassen Sie dann den Hund ein- bis zweimal mit der Pylone als Hilfe lau-

Timmy läuft erst einen Durchgang mit Sichthilfe ...

... dann ohne.

fen. Vor dem nächsten Durchgang entfernen Sie die Pylone. Der Hund läuft also dann noch einige Male die gleiche Strecke, ohne dass die Pylone ihm den Weg weist.

Damit führen wir ihn dahin, sich auch Bilder aus der Landschaft einzuprägen, die ihm die Richtung weisen. Natürlich hat der Hund jetzt auch noch die sozusagen von ihm ausgetretene Spur als Hilfe, weil er die Strecke ja schon ein- oder zweimal gelaufen ist. Aber das ist in Ordnung. Diese Hilfe führt ihn ziemlich sicher zum Erfolg und das ist die Hauptsache.

Machen Sie diese Übung an vielen verschiedenen Orten. Beginnen Sie auch mal mit Seitenwind zu arbeiten. Der Wind sollte im Training ganz selten von vorne kommen, weil das den Hund verleitet, mit der Nase zu arbeiten, anstatt in gerader Linie zu laufen.

Arbeiten mit Hindernissen

Bis jetzt sollten Sie den Hund nur in relativ einfachem Gelände arbeiten, eventuell mit verschiedenen Untergründen. Jetzt werden wir Hindernisse einbauen.

Es ist wichtig, dass Sie die Hindernisse zunächst wieder einzeln üben. Das könnte zum Beispiel ein Weg sein, ein Zaun, ein Graben, ein Bachlauf oder was auch immer. Wichtig ist, dass die Hindernisse für den Anfang so breit sind, dass der Hund nicht drum herum laufen kann. Springt ein Hund nicht sicher über einen Zaun oder einen Graben, bauen Sie ein solches Hindernis bitte nie in eine Einweiseübung ein. Auch hier gilt wieder, dass erst alle Teile für sich alleine klappen sollen, um sie dann später zusammenzubauen.

Halten Sie also auf Ihren Spaziergängen die Augen auf. Lassen Sie den Hund alle möglichen Hindernisse überwinden. Helfen Sie ihm, indem Sie vielleicht mit ihm einzelne Hindernisse überwinden oder ein Motivationsmittel drüber werfen, dem er dann folgt.

Billy überspringt einen Graben.

Einweisen mit Hindernissen, die der Hund nicht umlaufen kann

Haben Sie nun ein geeignetes Hindernis gefunden, das der Hund gut überwinden kann und das lang genug ist, dass er nicht herumlaufen kann, bauen Sie es in die Voran-Übung ein. Wählen Sie eine Länge von etwa 30 Metern, so dass der Hund vor und nach dem Hindernis gut 15 Meter laufen kann. Er sollte von seinem Startpunkt unbedingt die Pylone sehen! Von der Entfernung ist das also kein Problem. Stellen Sie wieder die Pylone mit etwa fünf Dummys auf. Schicken Sie den Hund zweimal mit dieser sichtbaren Hilfe über das Hindernis. Dann nehmen Sie die Pylone weg und arbeiten dieselbe Strecke noch dreimal ohne Sichthilfe.

Es sollte bei Ihnen die gelbe Lampe angehen, wenn der Hund sein Tempo deutlich verringert, wenn er von der Linie abweicht oder zu früh zu suchen beginnt. Dann ändern Sie die Übung unbedingt so ab, dass der Hund beim nächsten Mal erfolgreich sein kann.

Üben Sie auf diese Weise das Voranschicken über viele verschiedene Hindernisse.

Bis jetzt haben Sie den Hund vielleicht immer gerade über die Hindernisse geschickt. Versuchen Sie das auch mal mit schrägen Anlaufwinkeln. Das ist unter Umständen viel schwieriger. Der Hund wird sich wahrscheinlich erst über mehrere Übungen daran gewöhnen müssen. Aber auch das ist sehr wichtig. Im »Ernstfall« werden ja wahrscheinlich nicht alle Hindernisse schön gerade verlaufen.

Einweisen auf mehrere Pylonen

Bisher hatte der Hund immer nur das eine Ziel vor Augen und es war ihm von daher klar, was von ihm gefordert wurde. Das ist auch wichtig so, weil wir ja immer an anderen Punkten gearbeitet haben. Bis jetzt muss man sich aber klar machen, dass der Hund noch nicht auf unsere Richtungsangabe achten musste, weil er das Ziel ja vor Augen hatte. Je nachdem, was der Hund bisher verknüpft hat, kann es also sein, dass unsere Richtungsangabe für ihn noch überhaupt nichts bedeutet.

Das werden wir jetzt überprüfen und wenn es so sein sollte, wird er lernen, auf unsere Richtungsangabe zu achten, weil er sonst nicht zum Erfolg kommt.

Stellen Sie in einiger Entfernung auf ziemlich ebenem Gelände zwei Pylonen auf, die etwa zwanzig Schritte weit auseinander stehen. Sinnvoll ist es, wenn Sie bei dieser Aufgabe mit Helfer arbeiten. So können Sie auch den Helfer die Pylonen aufstellen lassen. Zu einer Pylone kommt ein Dummy. Der Helfer sollte sich jetzt in der Mitte der beiden Pylonen postieren (siehe Foto). Er ist also etwas mehr als zehn Schritte vom Dummy entfernt. Die Entfernung des Hundes sollte jetzt so groß gewählt werden, dass der Helfer auf alle Fälle vor dem Hund beim Dummy ist, falls dieser die falsche Richtung einschlagen, also nicht auf seinen Menschen achten sollte. Da wir das Einweisen ja schon bis auf 200 Meter geübt haben, sollte das aber kein Problem sein.

Der Hund wird nun also voran auf das Dummy eingewiesen. Er sollte

Der Helfer steht zwischen zwei Pylonen.

Auch mit Welpen kann man schon mit der Dummyarbeit beginnen.

vorher nicht gesehen haben, bei welcher Pylone das Dummy liegt! Nun muss er sich also ganz auf den Hundeführer verlassen. Macht er das aber nicht und wählt eigenständig die Richtung auf die falsche Pylone, begibt sich der Helfer kommentarlos zur Pylone mit dem Dummy, nimmt dieses auf und steckt es ein.

Der Hund kommt so nicht zum Erfolg, ist also umsonst gelaufen. Er wird zurückgerufen, wobei der Helfer wieder das Dummy in Position legen kann und das Ganze beginnt von vorne.

Zusätzlich könnte der Hundeführer ein neutrales Misserfolgsmarkersignal geben. Dieses Signal wird mit den Wiederholungen dem Hund signalisieren, dass er nun keinen Erfolg haben wird. Allerdings sollte die Anwendung eines solchen Signals nicht übertrieben werden, denn es ist sonst immer ein Zeichen von zu ungenauem Trainingsaufbau.

Ist der Hund richtig gelaufen, bedeutet das nicht automatisch, dass er schon die Richtungsangabe des Menschen annimmt. Es kann auch Zufall sein. Immerhin trifft er zu 50 % die richtige Entscheidung.

Es gilt also auf alle Fälle, die Übung in mehreren Konstellationen zu wiederholen. Dabei sollte die Lage des Dummys aber auch nicht immer abwechselnd mal rechts und mal links sein, denn dieses Schema könnte ein Hund leicht durchschauen.

Aus genau diesem Grund sollte auch der Helfer in der Mitte der Pylonen stehen. Steht er nämlich immer in der Nähe der Pylone mit dem Dummy, um im richtigen Moment für Misserfolg zu sorgen, wird der Hund auch das sehr schnell durchschauen und dann immer auf die Pylone mit Helfer laufen, ohne auf seinen Menschen zu achten.

Sollte Ihr Hund nach einem solchen Misserfolg zögern, wenn er beim nächsten Mal eingewiesen wird, ist diese Aufgabe für ihn zu schwierig. Wiederholen Sie dann unbedingt noch einmal die Übungen aus den Grundlagen. Ein solcher Misserfolg ist nicht ohne und er soll dem Hund auf keinen Fall den Spaß an der Übung nehmen. Daher sollten Sie schnell wieder für Erfolgserlebnisse sorgen.

Startet er jedoch nach einem Misserfolg wieder in gewohnter Manier durch, lassen Sie ihn ruhig herausfinden, wie er zum Erfolg kommt – eben indem er auf seinen Menschen achtet.

Gehen Sie auf alle Fälle erst dann zu den nächsten Übungen, wenn der Hund sicher auf Ihre Richtungsangabe achtet. »Sicher« bedeutet in Trainingssituationen, dass der Hund 80 % Erfolg hat, er also 8 von 10 oder 4 von 5 Durchgänge die Übung richtig ausführt. Dann ist er bereit für den nächsten Trainingsschritt.

Laios wird auf eine natürliche Sichthilfe geschickt.

Einweisen ohne dass der Hund das Ziel sieht

A:

Für die nächsten Aufgaben wird es wichtig, dass der Hund sich auch dann einweisen lässt, wenn er das Ziel, also die Pylonen, nicht sieht. Das ist für den Hund eine ganz neue Aufgabe und von daher entsprechend schwierig. In der vorherigen Übung hat er noch einmal intensiv gelernt, auf Ihre Richtungsangabe zu achten. Jetzt gilt es, in ihm das Vertrauen aufzubauen, dass er auch dann ein Dummy finden wird, wenn keine Pylone in der Ferne zu sehen ist. Eine gute Vorübung dafür ist es, wenn Sie mit festen Apportierorten arbeiten. Das sollten einige Stellen sein, an denen Sie vorher mit Pylonen gearbeitet haben und die der Hund also kennt. Er wird dann alle paar Tage auf eine solche Stelle geschickt, wobei keine Pylone da ist, sondern nur das Dummy. Der Hund hat auch nicht gesehen, wie das Dummy zuvor ausgelegt wurde. Das einzige, was ihm jetzt hilft, ist seine Erinnerung, dass da schon mal Dummys gelegen haben. Auf diese Art und Weise lernt er aber immer besser, dass einweisen bedeutet, sich auf die Richtungsangabe seines Hundeführers zu verlassen, auch wenn keine Pylone in der Ferne zu sehen ist.

Lassen Sie sich in diesem Ausbildungsstand bitte noch nicht dazu verleiten, den Hund völlig ohne Hilfe auf ein Dummy zu schicken. Die meisten

Silas sieht beim Start die Pylone nicht.

Nach einigen Metern sieht er sie ...

... und bringt das Dummy.

Trainingsfehler entstehen durch zu schnelles Vorgehen. Letztendlich bringt es Sie nicht weiter, weil Sie unter Umständen noch einmal einige Schritte zurückgehen müssen, um die Fehler wieder zu korrigieren. Also immer schön einen Schritt nach dem anderen.

B:

Wählen Sie nun für Ihre Übung ein Gelände, das entweder leicht hügelig ist oder von unterschiedlichem Bewuchs, so dass der Hund beim Start die aufgestellte Pylone nicht sieht. Wenn er einige Meter gelaufen ist, sollte er sie als Bestätigung erblicken und den Rest der Strecke wieder ganz zuversichtlich zurücklegen. Gehen Sie zum Übungsaufbau immer wieder auf Augenhöhe des Hundes, um die Strecke aus seiner Perspektive zu sehen. Jetzt können Sie wieder den gewohnten Aufbau mit fünf Dummys an der Pylone nehmen und nach dem zweiten Durchgang die Pylone entfernen.

C:

Machen Sie den gleichen Übungsaufbau mit einem Hindernis, das der Hund nicht umlaufen kann. Auch hier soll er also von seinem Startpunkt nicht sehen, wo sein Ziel ist, sondern sich auf die Anweisungen seines Menschen verlassen. Erst nach dem Sprung bzw. nach dem Hindernis sollte er die Pylone sehen und die Aufgabe wieder zuversichtlich beenden können.

Nach dem Sprung übers Hindernis sieht Nuja die Sichthilfe.

Schafft der Hund die Aufgabe sicher, können Sie auch hier wieder in gewohnter Weise mit 5 Dummys arbeiten und nach dem ersten oder zweiten Durchgang die Pylone entfernen.

Einweisen mit Hindernissen, die der Hund umlaufen könnte

Beim Voranschicken ist es von entscheidender Wichtigkeit, dass der Hund unter allen Umständen seine gerade Linie beibehält und sozusagen durch nichts vom Kurs abkommt. Dabei ist es natürlich eine Herausforderung, wenn auf seinem Weg irgendeine Art von Hindernis liegt, das er normalerweise umlaufen würde. Das darf er jetzt nicht, sondern soll mitten durch.

Voraussetzung für diese Übung ist, dass Sie ein Gelände mit einem solchen Hindernis haben. Optimal ist zum Beispiel der Ausläufer einer lichten Hecke oder eines Maisfeldes.

Beginnen Sie die Übung so, dass Sie den Hund in dieser Hecke starten lassen. Diesmal werden zunächst alle Durchgänge mit sichtbarer Hilfe gelaufen. Erst wenn der Hund mit diesem Prinzip vertraut ist, können Sie auch die Wiederholungsdurchgänge ohne Sichthilfe machen. Der Hund startet also in der Hecke und läuft auf die Pylone zu, die er von seinem Standpunkt aus sieht. Mit jedem Durchgang verlegen Sie nun die Startlinie etwas weiter nach hinten. Beim zweiten Mal startet er also von der Mitte der Hecke, dann vom Anfang, muss also die He-

cke durchlaufen, bevor er auf gerades Gelände kommt und die Pylone sieht. Beim nächsten Mal starten Sie vor der Hecke, schicken den Hund gerade durch. Sie dürfen natürlich immer nur dann weitergehen, wenn der Hund den jeweiligen Schritt auch gut durchführt, wenn er also sowohl auf dem Hin- als auch auf dem Rückweg sicher durch die Hecke läuft. Ansonsten gehen Sie im Trainingsplan lieber noch mal einen Schritt zurück.

Üben Sie auf diese Art und Weise mindestens fünf verschiedene Hindernisse, so dass der Hund wirklich mit der Übung vertraut ist.

Im nächsten Übungsschritt nehmen Sie die gleichen Hindernisse, starten aber sofort vor der Hecke. Der Hund sieht also die Pylone dahinter nicht, sollte sich aber an diesen Ort und von daher auch an die Aufgabe erinnern. Sie weisen ihn also ein und schicken ihn los. Sobald er durch die Hecke durch ist, sollte er die Pylone sehen, damit er in seinem Tun bestätigt wird.

Sollte er versuchen wollen, die Hecke zu umlaufen, wiederholen Sie die Übung noch einmal wie zu Beginn. Verfahren Sie so mit den anderen bekannten Hindernissen. Erst wenn der Hund sicher durch diese mindestens fünf bekannten Hindernisse durch läuft, schicken Sie ihn auch mal auf eine noch unbekannte Hecke. Beachten Sie wieder, dass das Gelände dahinter sehr leicht bewachsen sein sollte, damit der Hund sofort beim Verlassen der Hecke die Pylone entdeckt.

Einweisen mit Stopppfiff und weiterer Aufgabe

Bisher haben wir uns auf das Geradeaus-Schicken konzentriert. Das ist auch die wichtigste Übung. Im Idealfall sollte der Hund damit das Dummy finden, so dass gar keine anderen Anweisungen notwendig sind.

Allerdings kann es immer wieder sein, dass der Hund später einmal von der Richtung abkommt und er korrigiert werden muss. Also üben wir das jetzt.

Wählen Sie sich für diese Übung eine Wiese mit einer dichten Hecke als Begrenzung. Der Wind sollte auf die Hecke blasen, also wieder von hinten kommen.

Vom Startpunkt aus sollte der Hund keine Pylone sehen können. Es ist sehr wichtig, dass Sie sich das Gelände entsprechend sorgfältig aussuchen.

Schicken Sie den Hund jetzt aus etwa dreißig Schritten Entfernung auf die Hecke zu und stoppen ihn da mit dem Stopppfiff. Das sollte vor dem Hindernis mit den Vorübungen aus den Grundlagen recht einfach sein. Nun schicken Sie den Hund an der Hecke entlang entweder nach rechts oder links, je nachdem, wo Sie das Dummy deponiert haben. Wenn der Hund nach dem Stopppfiff auf Ihr Anweisen richtig reagiert, sollte er sofort wieder die Pylone als Bestätigung ins Sichtfeld bekommen, so dass er die Aufgabe sicher beenden kann.

Üben Sie das an unterschiedlichen, aber ähnlichen Geländegegebenheiten

in beide Richtungen. Wichtig ist, dass der Wind von hinten kommt, damit der Hund nicht dazu verleitet wird, sofort zu dem Dummy zu laufen.

Stoppen in offenem Gelände

In der nächsten Schwierigkeitsstufe wird der Hund in offenem Gelände gestoppt. Bereiten Sie dafür ein Gelände so vor, dass Sie jeweils rechts und links von Ihrem gedachten Stopp-Punkt in etwa 20 Schritten Abstand die Pylonen stationieren. Von Ihrem späteren Startpunkt sollte der Hund die Pylonen nicht sehen können. Am besten deponieren Sie an jeder Pylone schonmal zwei Dummys, dann können Sie diese Übung viermal machen, ohne immer »nachladen« zu müssen. Ist das Gelände vorbereitet, gehen Sie mit dem Hund an den Startpunkt und schicken ihn geradeaus. Inzwischen sollte er es kennen, dass er auch losgeschickt wird, ohne ein Ziel zu sehen. Stoppen Sie ihn an dem dafür vorgese-

Noca wird auf die Hecke geschickt, dort gestoppt und nach rechts zum Dummy eingewiesen.

henen Punkt. Macht er das gut, schicken Sie ihn von da entweder nach links oder nach rechts. Jetzt sollte er sein Ziel, also die Pylone, sehen können, damit ein Erfolg wieder ziemlich sicher ist. Denken Sie immer an das Ampeltraining und machen Sie wirklich nur weiter, wenn die Ampel auf grün steht. Und immer dann, wenn Sie mit Dummy arbeiten, sollte sichergestellt sein, dass der Hund das Apportieren des Dummys wirklich gut beherrscht. Er sollte es also zügig und schön mittig aufnehmen, auf geradem Wege zu Ihnen kommen, sich gut vorsetzen, Ihnen das Dummy hinhalten und auf Ihr Signal hin abgeben. Wenn das nicht so funktioniert, trainieren Sie diese Sequenz bitte unbedingt separat. Sonst machen Sie sich mit diesen Übungen mehr kaputt als der Hund dazu lernt.

Wirklich blindes Einweisen

Bis jetzt hat der Hund immer sein Ziel gesehen, wenn auch nicht direkt von Anfang an, so doch ziemlich schnell. Es war also vorgegeben, wo er hinlaufen soll. Das Trainingsziel ist es jedoch, dass er sich völlig auf die Angaben des Menschen verlässt und sich auch schicken lässt, ohne dass das Ziel vorgegeben ist.

Bauen Sie dafür eine Aufgabe auf wie auf Seite 94 bereits beschrieben, nur mit dem Unterschied, dass Sie jetzt von Anfang an die Sichthilfe weglassen. Der Hund sollte beim Aufbau auch nicht zusehen. Vom Startpunkt aus sollten Sie den Wind im Rücken haben. Die Dummys werden in einer Linie ziemlich dicht nebeneinander ausgelegt. Das können jetzt ruhig grüne und orangene Dummys sein. Je mehr Dummys Sie haben, desto besser. Die Reihe kann ruhig zehn Meter lang sein, wobei die Dummys im Abstand von höchstens einem halben Meter liegen sollten. Der Hund soll sie von seinem Startpunkt aus nicht sehen können. Gehen Sie nach dem Auslegen im Bogen zum Ausgangspunkt zurück, so dass der Hund auch Ihre Spur nicht als Hilfe benutzen kann.

Starten Sie den Hund jetzt in etwa fünfzehn Metern Abstand von dieser Dummykette. Sie schicken ihn mit

Dummykette.

Ihrem gewohnten Ritual geradeaus, er läuft jetzt also ohne jede Hilfe. So wird er durch diesen Übungsaufbau aber ziemlich sicher auf die Dummykette treffen und ein Dummy aufnehmen und apportieren. Während der Hund auf die Kette zuläuft, gehen Sie möglichst unbemerkt von ihm fünf Meter rückwärts. Hat er Ihnen das Dummy zurückgebracht, schicken Sie ihn nun aus zwanzig Metern wieder auf diese Kette. Das ist zwar jetzt kein wirklich blindes Einweisen mehr, weil der Hund ja nun weiß, wo die Dummys liegen. Trotzdem schicken Sie ihn noch einige Male, um immer mehr Entfernung aufzubauen. Achten Sie darauf, dass Sie Dummys nachlegen, damit kein größeres Loch in der Kette entsteht, je nachdem, wie oft Sie den Hund schicken.

Üben Sie mit dem gleichen Übungsaufbau an vielen unterschiedlichen Orten, wobei Sie immer die Anfangsentfernung so wählen, wie Sie in der letzten Trainingseinheit aufgehört haben.

Das erste Schicken ist nun jedes Mal ein blindes Einweisen. Haben Sie sich auf eine passable Entfernung hochgearbeitet, gehen Sie in den nächsten Trainingseinheiten dazu über, die Dummykette immer um eins zu verkürzen. Gehen Sie dabei wirklich langsam vor. Es ist wichtig, dass der Hund immer Erfolg hat. Sie sollten also höchstens an jedem neuen Ort die Dummykette verkürzen, nicht bei jedem Lauf.

Achten Sie auch darauf, dass Sie die Entfernung immer variieren. Der Hund soll sich nicht eine feste Entfernung angewöhnen.

Im Laufe der Zeit wird also die Dummykette immer kleiner, bis irgendwann nur noch der gewohnte Haufen mit den fünf Dummys da liegt.

Bis dahin hat der Hund nun schon viele wirklich blinde Einweisungen hinter sich. Die Wahrscheinlichkeit steigt jetzt, dass er mal an dem Dummyhaufen vorbeiläuft. In dem Fall stoppen Sie ihn und schicken ihn auf Entfernung zum Dummyhaufen.

Obwohl Sie den Hund nun wirklich blind einweisen können, sollten Sie die Übungen mit Sichthilfe nicht abschaffen und auch nicht die Wiederholungen der einzelnen Läufe. Damit geben Sie letztendlich dem Hund die erforderliche Sicherheit, die er in schwierigen Situationen mal brauchen wird.

Lassen Sie sich also gerade mit fortgeschrittener Ausbildung nicht dazu verleiten, die Aufgaben so zu gestalten, dass Sie den Hund eher immer auf die Probe stellen, weil dann die Gefahr besteht, dass sich Fehler einschleichen. Also immer mal wieder zurück zu den Anfängen!

Das Markieren mit Dummy

Jetzt setzen wir also das Apportieren mit dem Markieren zusammen. Beides für sich alleine hat der Hund ja schon gelernt. Bisher war beim Markieren nur wichtig, dass der Hund sich die Fallstelle merkte und auf geradem Wege dorthin lief. Jetzt liegt an dieser Stelle das Dummy und er soll es aufnehmen und apportieren. Auch hierfür ist es also wichtig, dass der Hund das Apportieren wirklich beherrscht.

Noch ein Tipp für Sie: Das Markieren sollte sich völlig vom Einweisen unterscheiden. Wir haben ja dafür schon zu Beginn die unterschiedlichen Rituale geübt. Bitte lassen Sie sich nicht dazu verleiten, dem Hund beim Markieren helfen zu wollen, indem Sie die Richtung vorgeben. Er sollte dabei wirklich selbstständig arbeiten. Natürlich kann es sein, dass er manchmal völlig von der Richtung abkommt. Dann sollten Sie ihn aber eher zurückrufen und eine einfachere Aufgabe anschließen, damit er Erfolg haben kann. Lassen Sie sich nicht verleiten, im Training ein schlechtes Markieren durch Einweisen erfolgreich zu machen.

Beginnen Sie ganz einfach

Wenn wir jetzt das Apportieren und das Markieren kombinieren, wählen wir für den Anfang eine ganz leichte Aufgabe. Der Helfer steht in 20 Schritten Entfernung und wirft das Dummy auf einen recht flachen Bewuchs. Wählen Sie für den Anfang ein gut sichtbares blaues oder weißes Dummy. Sie sollten für den Anfang wieder mit Rückenwind arbeiten. Ist der Hund schön auf die Fallstelle konzentriert, lassen Sie ihn starten. Bisher kam die Belohnung immer, wenn er sein Ziel erreicht hatte. Jetzt darf er als Belohnung Apportieren. Bei Hunden, die das Apportieren sehr gerne machen, kann man das wirklich so sehen. Es genügt dann, ihn erst nach erfolgreichem Abgeben zu belohnen.

Bei Hunden, für die das Apportieren »Arbeit« ist, ist es wichtig, die Anforderungen Stück für Stück zu steigern. Sie können solche Hunde ruhig schon belohnen, wenn sie das Dummy aufgenommen haben und sich auf den Rückweg machen. In dem Moment wird also geklickt. Lässt der Hund das Dummy daraufhin fallen, ist das anfangs in Ordnung. Erst mit der Zeit verlangen Sie, dass er die ganze Sequenz zu Ende ausführt.

Klappt diese einfache Markierübung, wiederholen Sie zunächst die Übungen, die wir beim Markieren ohne Dummy schon gemacht hatten (siehe Seite 62). Gehen Sie die zwölf

Trainingsschritte also noch einmal durch, wobei der Hund eben jetzt das Markieren mit dem Apportieren verbinden muss. Lassen Sie ihm auch wirklich die Zeit, beides zusammen zu üben, bevor Sie weitergehen. Und achten Sie darauf, dass die Apportiersequenz sauber ausgeführt wird. Sie machen sich Ihr Training kaputt, wenn Sie dort Fehler einschleichen lassen. Sollte das der Fall sein, denken Sie immer an die Ampel und üben Sie lieber beide Übungen noch einmal getrennt, bevor Sie sie wirklich zusammensetzen.

Geländeherausforderungen

In unterschiedlichem Gelände kann man dem Hund viele schöne Herausforderungen in Sachen Markierung bieten. Um das Gelände einzuschätzen, sehen Sie es sich möglichst oft aus Augenhöhe des Hundes an. Etwas, was für uns ganz einfach aussieht, ist es für den Hund nämlich oft nicht.

Leichte Hügel

Gibt es z. B. zwischen Hund und der Fallstelle des Dummys eine leichte Erhebung des Geländes, ist das Dummy aus unserer Sicht vielleicht gut über die ganze Fallstrecke zu sehen. Der Hund sieht die genaue Fallstelle jedoch nicht. Er muss sich dann sozusagen aus der Flugbahn, die er noch beobachten kann, die Fallstelle »berechnen«. Beginnen Sie diese Übung mit wirklich sehr leichten Hügeln, seien Sie also wieder entsprechend sorgfältig bei der Auswahl des Geländes. Wie immer ist es Ihre Aufgabe, die Übung für den Hund möglichst so aufzubauen, dass er Erfolg hat. Wenn der Hund mit diesen leichten Geländeerhebungen kein Problem hat, können Sie die Herausforderung steigern.

Gräben

Wählen Sie nun ein Gelände, das durch einen Graben durchzogen wird. Hierbei sieht der Hund zunächst die ganze Fallstrecke des Dummys. Wenn er dann aber losläuft, verliert er das Ziel aus den Augen, während er in die Senke läuft. Er muss also dann wieder sein Gedächtnis gebrauchen und seine Orientierungsfähigkeit, um das Dummy zu finden. Achten Sie möglichst wieder auf Rückenwind. Wir wollen den Hund nicht dazu verleiten, mit der Nase zu suchen.

Je nach Ausbildungsstand können die Gräben tiefer werden und das Gelände immer unübersichtlicher. Als Leitfaden sollten Sie immer die Ampel im Kopf haben.

Hindernisse

Weiter oben hatten wir schon die leichten Erhebungen im Gelände. Jetzt wählen wir wirkliche Hindernisse. Das können Zäune, Mauern oder Hecken sein, die der Hund irgendwie überwinden muss. Hierbei ist es wieder wichtig, dass das Hindernis an sich für den Hund kein Problem darstellt. Er muss es also ohne den Zusammenhang mit der Markierung problemlos überwin-

Mala arbeitet eine Markierung über einen Graben.

den oder durchlaufen können. Verbinden wir die Markierung mit der Herausforderung »Hindernis«, ist die Schwierigkeit für den Hund wieder, dass er nicht die ganze Flugbahn beobachten kann. Er sieht die Fallstelle nicht und muss sie sich wieder »berechnen«. Diese Aufgaben stellen an den Hundehalter einige Herausforderungen in der Geländewahl. Sie sollten dabei auch wirklich sehr sorgfältig vorgehen, damit Sie den Hund langsam an die Aufgabe heranführen. Es bringt nicht viel, das Gelände zu schwierig zu wählen, dass der Hund dazu verleitet wird, zu früh seine Nase einzusetzen, weil er sonst keine Idee hat, wie er das Dummy finden soll.

Bei solchen Schwierigkeiten ist es nicht erforderlich, dass der Hund genau die Fallstelle trifft. Es genügt, je nach Entfernung und Geländeart, wenn er auf direktem Weg in das Fallgebiet läuft und dann seine Nase einsetzt. Je

Die Markierung fällt so, dass Luna nicht die ganze Flugbahn beobachten kann.

kleiner dieses Fallgebiet ist, umso besser ist es natürlich. Im Training sollte es also Ihr Ziel sein, dass der Hund die Fallstelle so genau wie möglich anläuft. Auf diese Weise können Sie den Hund zum Markierspezialisten ausbilden.

Memory – Eine Markierung aus dem Gedächtnis arbeiten

Arbeitet der Hund diese einfachen Markierungen zufriedenstellend, das heißt er merkt sich die Fallstelle recht genau und läuft ohne große Abweichung direkt darauf zu, können Sie beginnen, sein Gedächtnis mehr und mehr zu trainieren. Bisher wurde sozusagen mehr an seiner räumlichen Vorstellung gearbeitet, wobei natürlich auch da das Gedächtnis schon beansprucht wurde.

Das wird jetzt ausgeweitet. Bei einem Memory muss der Hund sich die Fallstelle über einen mehr oder weniger langen Zeitraum merken, wobei er in der Zwischenzeit auch etwas anderes arbeiten kann. Er behält die Fallstelle also zwangsläufig nicht andauernd im Auge, sondern muss sie sich wirklich im Gedächtnis behalten. Bisher war es optimal, wenn der Hund seinen Blick nicht von der Markierung abgewendet hat. Das soll er nun. Machen Sie es wieder ganz einfach: Beginnen Sie damit, dass Sie für kurze Zeit nach einer Markierung die Aufmerksamkeit des Hundes fordern. Erst dann schicken Sie ihn los zum Apportieren. Steigern Sie die Zeitspanne allmählich, indem Sie den Hund einige kleine Übungen machen lassen, für die Sie Ihren Standpunkt auch kurz verlassen können. Kehren Sie dann zum Ausgangspunkt zurück und schicken Sie den Hund auf die Markierung. Hat er damit keine Probleme, sind Sie im grünen Bereich und können die Zwischenzeit weiter ausdehnen.

Feste Markierungen

Zur Unterstützung des Gedächtnistrainings bieten sich feste Markierungen an. Das bedeutet, dass Sie zum Bei-

Delia wirft eine Markierung.

Michaela macht mit Silas einige ablenkende Übungen ...

... und schickt ihn dann zur Markierung.

spiel auf dem täglichen Spaziergang eine Markierung auf immer die gleiche Stelle werfen. Das können Sie auch selbst machen, ohne Helfer. Damit ist die Entfernung zwar nicht so groß, aber ansonsten ist es ja organisatorisch nicht machbar. Sie sollten sich nur gut darin üben, auch wirklich so ziemlich an die gleiche Stelle zu werfen. Dann gehen Sie mit dem Hund einige Schritte und schicken ihn auf dem Rückweg auf die Markierung. Mit der Zeit können Sie die Strecke immer mehr ausdehnen, bis Sie schließlich Ihren gesamten Spaziergang machen, bevor Sie den Hund anschließend (immer vom gleichen Ausgangspunkt) auf die Markierung schicken. Da es sich immer um dieselbe Stelle handelt, können Sie die Zeitdauer zügig ausdehnen, ohne, dass es dem Hund Schwierigkeiten bereiten sollte. Parallel dazu üben Sie die Markierungen aus dem Gedächtnis an verschiedenen neuen Stellen mit Helfer, also auf größere Entfernungen, bis Sie auch hier größere Zeitspannen vergehen lassen können.

Markierungen aus neuer Richtung

Eine weitere schöne Herausforderung ist, dass der Hund sich eine Markierung merkt, bei der er den gesamten Fallweg und die Fallstelle beobachten konnte, Sie danach aber den Startpunkt verändern. Sie schicken den Hund also nicht von der Stelle auf die Markierung, aus der er sie beobachtet hat, sondern gehen nach dem Fall einige Meter weiter und schicken ihn dann los.

Beginnen Sie diese Herausforderung mit nur einer geringen Änderung Ihrer Ausgangsposition und steigern Sie das allmählich, bis Sie die Markierung einmal halb umrunden und den Hund dann genau aus der entgegengesetzten Richtung schicken. Die Ampel soll wieder Ihr Helfer sein. Arbeiten Sie immer so, dass Sie im grünen

Lisa wirft auf dem Spaziergang eine Markierung, die einer der Hunde auf dem Rückweg arbeiten kann.

Bereich sind und steigern Sie darin die Anforderungen.

Markierung aus Bewegung (Appell)

Bei den Dummyprüfungen gibt es den sogenannten Appell. Dabei gehen die Hunde bei Fuß (je nach Klasse mit oder ohne Leine). Während des Gehens werden Markierungen geworfen. Die Hunde sollten schön aufmerksam auf die Markierungen sein.

Der Prüfer bestimmt dann einen Hund, der eine bestimmte Markierung arbeiten soll. Je nachdem, wie weit er seit dem Fall gegangen ist, ist das dann auch eine Markierung aus einer neuen Richtung.

Die Schwierigkeit dieser Aufgabe besteht darin, dass der Hund jetzt zum ersten Mal nicht im Sitzen eine Markierung beobachtet, sondern aus der Bewegung heraus.

Beginnen Sie diese Aufgabe auf einer kurz gemähten Wiese zunächst mit einem Hund alleine. Eventuell kann der Helfer auch noch helfen und den Hund aufmerksam machen. Das sollte für den Hund dann kein Problem sein. Steigern Sie dann die Schwierigkeiten durch unterschiedliche Gelände und schließlich auch dadurch, dass Sie mit mehreren Hunden üben, die hintereinander gehen. Da kommt natürlich außer dem Markieren aus der Bewegung noch die Ablenkung durch andere Hunde dazu. Eventuell werden Sie auch merken, dass Sie das Training zur Steadyness noch einmal auffrischen müssen, damit Ihr Hund auch wirklich schön ruhig bleibt, auch dann, wenn andere Hunde arbeiten.

Markierungen aus der Bewegung.

Verleitungen

Bei den Verleitungen geht es darum, zu überprüfen, wie sicher der Hund wirklich die Markierungen arbeitet. Dabei ist es nicht Sinn der Sache, den Hund hereinzulegen, sondern auch hier gilt es wieder, dass Sie die Verleitungen nur so schwer machen, dass der Hund dennoch Erfolg haben kann.

Machen Sie ein Spiel aus den Übungen, indem Sie den Hund »fragen«: »Kannst du auch markieren, wenn das und das passiert?« Und Ihre Aufgabe ist es, dafür zu sorgen, dass er es kann.

Andere Markierungen

Während der Hund eine Markierung arbeitet, wird eine andere Markierung geworfen. Das können Sie zunächst so einfach gestalten, dass der Abstand recht groß gewählt wird oder die andere Markierung in die andere Richtung geworfen wird.

Steigern Sie die Herausforderungen allmählich, bis schließlich eine Markierung dem Hund genau vor die Füße geworfen werden kann und er sich dennoch nicht von seiner Aufgabe ablenken lässt.

Die Ampel wird Ihnen wieder helfen, den richtigen Schwierigkeitsgrad zu wählen. Der ist auch von Hund zu Hund unterschiedlich. Für manche Hunde ist es schwieriger, wenn die andere Markierung auf dem Hinweg zu seiner Markierung fällt, andere lassen sich auf dem Rückweg leichter ablenken. Sie müssen also die Schwierigkeiten immer Ihrem Hund anpassen und immer so arbeiten, dass er Erfolg hat.

Chiara und Delia werfen für Nuja Markierungen zur Verleitung.

Sich bewegende Dummys

Der Hund soll sich durch nichts ablenken lassen. Um das immer mehr zu festigen, gilt es, sich mit etwas Fantasie immer neue Herausforderungen auszudenken, unter denen der Hund dennoch seine Arbeit macht. Eine schöne Möglichkeit ist, dass ein Dummy an einem Gummiband befestigt wird. Sie brauchen dafür außer dem Werfer noch einen weiteren Helfer. Der befestigt den Gummi an einem Baum, entfernt sich mit dem Dummy und lässt ihn los, damit er in einer vorgegebenen Entfernung durch da Gras flutscht, während der Hund seine Markierung arbeitet.

Dummy am Gummiband.

Wildwechsel

Auch Wildwechsel könnte eine schöne Herausforderung sein. Der Hund sollte sich davon nicht ablenken lassen und trotzdem schön seine Markierung arbeiten. Hierbei ist Fingerspitzengefühl des Hundeführers gefordert. Es gibt Hunde, für die ein solcher Wildwechsel überhaupt kein Problem ist. Andere drehen damit sozusagen völlig ab. Wie immer ist es auch hier wichtig, dass die Übung auf alle Fälle so aufgebaut wird, dass der Hund Erfolg hat. Hat man also einen Hund, der auf Wildspuren nicht mehr zu kontrollieren ist, ist es unbedingt notwendig, dass die Dummyarbeit so gut trainiert wird, dass sich der Hund auch vom Wildgeruch nicht ablenken lässt. Lassen Sie sich also nicht zu dieser Übung verleiten, wenn der Ausbildungsstand des Hundes noch nicht so weit ist.

Der Hund sollte also auf alle Fälle noch heißer auf die Markierung sein als auf die Wildspur, bevor Sie einen Wildwechsel in Ihr Training einbauen. Sind Sie sich da noch nicht ganz sicher, ist es durchaus in Ordnung, den Hund an langer Leine zu arbeiten, damit er zur Not unter Kontrolle ist.

Markierungen, die später nicht mehr da sind

Lassen Sie für den Hund zunächst zwei Dummys in nicht allzu großem Abstand werfen. Eines davon wird vom Helfer wieder eingesammelt. Der Hund wird jetzt auf das andere geschickt. Er soll sich also auch merken, welches der geworfenen Dummys schon eingesammelt wurde. Mit der Zeit können Sie die Zahl der geworfenen und wieder eingesammelten Dummys erhöhen. Ihr Kriterium sollte sein, dass der Hund zügig zu dem Dummy läuft, was noch übrig ist. Er sollte nicht die anderen absuchen. Dann war Ihr Vorgehen zu schnell.

Der Helfer sammelt das Dummy ein, Afra schaut zu.

Mehrfahrmarkierungen

Bisher haben wir mit dem Dummy mit einzelnen Markierungen gearbeitet. Ist der Hund darin ziemlich sicher, können Sie die Anforderungen durch Mehrfachmarkierungen steigern. Der Hund muss sich dabei also mehrere Fallstellen merken. Bei dem Training der Grundlagen (siehe Seite 71) haben wir solche Aufgaben ja auch schon begonnen. Während es uns bei diesen Grundlagenübungen noch egal war, welche Markierung der Hund zuerst arbeitete, geht es nun darum, ihm auch beizubringen, welche Markierung er arbeiten soll. Bei den Grundlagenübungen hatten Sie Gelegenheit, Ihren Hund kennen zu lernen. Läuft er lieber auf die zuletzt geworfene Markierung? Oder behält er die erste im Auge und läuft dann auf die, wenn er die Wahl hat?

Arbeiten mit zwei Helfern

Lassen Sie nun zwei Helfer nacheinander eine Markierung in einiger Entfernung werfen. Die Helfer sollten dabei nicht zu weit werfen. Die Entfernung sollte so bemessen sein, dass der Helfer vor dem Hund am Dummy ist und es entfernen könnte, wenn er falsch läuft. Für den Anfang sollten die Dummys in einem Winkel von 180° geworfen werden, um es dem Hund wieder sehr einfach zu machen. Je nach Vorlieben Ihres Hundes, die Sie aus der Grundlagenarbeit kennen, lassen Sie den Hund nun genau die andere Markierung als erste arbeiten.

Wichtig ist dabei, dass Sie den Hund nicht einweisen. Das Markieren ist keine Einweiseübung! Sie geben nur über die Aufstellung des Hundes die Richtung vor. Ansonsten sollte er von dem Dummy quasi »gezogen« und nicht von Ihnen geschickt werden. Achten Sie im Training wirklich sehr auf diese feine Unterscheidung.

Sollte der »Zug« des Dummys nicht vorhanden sein, gehen Sie noch einmal zurück zu den Grundlagen, aber lassen Sie sich in einer Markieraufgabe nicht dazu verleiten, den Hund einzuweisen. Sie verwässern damit Ihr Training.

Gisela und Nelli mit zwei Helfern im Gelände.

Sollte der Hund in dieser gestellten Übung jetzt zum falschen Dummy laufen, ist es Aufgabe des Helfers, das Dummy kommentarlos zu entfernen. Auch Sie brauchen nichts zum Hund zu sagen. Er wird alleine merken, dass das ein Misserfolg war und früher oder später herausfinden, woran das lag. Lassen Sie ihm die Gelegenheit. Er wird daran lernen.

Im Laufe der Zeit verkleinern Sie die Winkel zwischen den Dummys. Sie können auch mit drei oder mehr Markierungen arbeiten. Wichtig ist nur, dass Sie den Hund nicht »verheizen«, wie bei all unseren Aufgaben, in denen die Hunde über recht lange Strecken laufen. Bemühen Sie sich aufzuhören, wenn es am schönsten ist, auch wenn gerade das so schwierig ist!

Markierungen unterschiedlichen Alters

Nimmt der Hund diese Markierungen in unterschiedlichen Richtungen problemlos an, können Sie die Schwierigkeit der Übung steigern, indem die Markierungen unterschiedlich alt sind. Der Hund arbeitet also in von Ihnen vorgegebener Reihenfolge Memorys und frische Markierungen. In der Regel sind dem Hund die frischen Markierungen wieder viel interessanter, weshalb es eine Herausforderung sein kann, ihn zuerst auf ein Memory zu schicken und anschließend auf die frische Markierung.

Als Hilfe können Sie die ersten Male mit der festen Markierung arbeiten, die der Hund schon kennt (siehe Seite 112). Sie lassen also den Helfer eine Markierung an einen Ort werfen, den der Hund schon oft gearbeitet hat, gehen dann eine Weile spazieren oder machen andere Übungen, vielleicht mit dem Hund des Helfers. Dann gehen Sie wieder an Ihren Ausgangpunkt zurück. Der Helfer wirft eine frische Markierung. Der Hund soll aber zuerst die alte arbeiten. Wieder liegt es also am Helfer, für Misserfolg zu sorgen, wenn der Hund zuerst auf die frische Markierung laufen sollte.

Klappt die Übung mit dieser festen Markierungsstelle, üben Sie das Arbeiten mit Memorys an unterschiedlichen Stellen. Auch hier können Sie wieder die Winkel, in denen die Markierungen geworfen werden, mit steigendem Ausbildungsstand verringern.

Lassen Sie den Hund jedoch nicht immer das Memory zuerst arbeiten, sonst meint er am Ende, das müsste immer so sein. Wechseln Sie ab. Trainieren Sie aber das am häufigsten, womit der Hund am ehesten Schwierigkeiten hat.

Markierungen in der Gruppe

So wie wir ganz zu Beginn in der Gruppe trainiert haben, um die Steadyness zu üben, ist das auch jetzt wieder eine wichtige Aufgabe, die immer wieder ins Training eingebaut werden sollte. Der Hund ist inzwischen immer vertrauter mit den Übungen. In der Regel ist er dadurch auch immer heißer darauf. Eine schöne Herausforderung in der Dummyarbeit ist diese extreme Gratwanderung in Sachen Motivation, wie sie eigentlich in keinem anderen Hundesport benötigt wird. Auch wenn der Hund extrem motiviert ist, seine Arbeit zu machen, muss er dennoch in der Lage sein, auch über längere Zeiten abzuwarten, anderen bei der Arbeit zuzusehen und sich im richtigen Moment voll auf seinen Menschen zu konzentrieren. Ihre Aufgabe als Hundehalter ist es, die Motivation immer schön in der Waage zu halten und dafür auch die entsprechenden Aufgaben auszuwählen.

Das ist fast eine Kunst, die Sie im Laufe der Ausbildung Ihres Hundes entwickeln sollten.

Laios darf die Markierung arbeiten, die anderen Hunde schauen ruhig, aber aufmerksam zu.

Arbeiten Sie also immer wieder daran, den Hund im Sitzen oder in der Freifolge so gut unter Kontrolle zu haben, wobei er trotzdem mit seiner ganzen Aufmerksamkeit bei den Geschehnissen um ihn herum sein soll, damit er auch ja keine Markierung verpasst.

Die Verlorensuche mit Dummy

Die Verlorensuche für sich sollte Ihr Hund beherrschen. Nun machen wir die Verlorensuche mit Dummys. Das bedeutet wieder, dass das Apportieren dazu gehört. Wiederholen Sie auch hier wieder einige Schritte aus den Grundlagen, nur eben diesmal mit Dummy. Wenn der Hund Ihre Dummys sicher sucht und apportiert, gehen wir weiter. Arbeiten Sie anfangs so, dass der Hund gegen den Wind suchen kann. Erst im Laufe der Zeit (siehe Seite 85) sollte der Wind auch aus anderen Richtungen kommen.

Unterschiedliche Dummys.

Sie können dem Hund anfangs auch helfen, eine effektive Suchtechnik zu entwickeln, indem Sie sich mit dem Hund in Schlangenlinien durch das Suchgebiet bewegen. Achten Sie aber unbedingt darauf, dem Hund keinerlei Hilfen zu geben, damit er ein Dummy finden kann. Sonst bringen Sie ihm bei, dass er auf Ihre Hilfen vertraut und dann auch immer wieder »nachfragt«, was er ja nicht soll. Im Laufe der Zeit deuten Sie die Schlangenlinien nur noch an und bewegen sich auch immer weniger mit ins Suchgebiet, bis der Hund schließlich völlig selbstständig arbeitet.

Unterschiedliche Dummys

Lassen Sie den Hund nun bewusst unterschiedliche Dummys suchen. Das ist wieder ein ganz entscheidender Schritt in der Ausbildung! Beobachten Sie den Hund bei der Suche genau. Sobald er Ihnen ein neues Dummy bringt, wird er mit einem Jackpot belohnt. In diesem Schritt sollten die Dummys noch alle Ihren Geruch tragen, also Ihre eigenen sein oder schon der ein oder andere neue.

Achten Sie aber auf unterschiedliche Farben, Stoffe und Füllungen, damit der Hund die ganze Bandbreite der Dummys kennen lernt.

Suchen außer Sicht

Bis jetzt haben Sie unter Umständen den Hund immer schon belohnt bzw. ihm ein Feedback gegeben, wenn er das Dummy gefunden hat. Im »Ernstfall« soll er die Aufgabe aber wirklich alleine lösen, das heißt die Übung ist erst dann beendet, wenn der Hund das Dummy abgegeben hat. Ihre Reaktion war für den Hund bis jetzt wahrscheinlich immer noch ein guter Hinweis dafür, dass er auf dem richtigen Weg war. Diese Hilfe gilt es abzubauen. Beginnen Sie, indem das Suchgebiet z. B. hinter einem leichten Hügel liegt und Sie den Hund nicht bei der Suche beobachten können. Im Laufe der Ausbildung können Sie das so weit steigern, dass Sie dem Hund während der Suche den Rücken zudrehen. Denken Sie immer an die Ampel!

Dummys mit fremdem Geruch

Bitten Sie nun eine Hilfsperson, Ihre Dummys eine Weile in den Händen zu halten und dann zu »verlieren«. Auf diese Weise führen Sie den Hund langsam an fremde Gerüche. Toll ist es, wenn Sie das mit mindestens einem halben Dutzend verschiedener Menschen machen können.

Fremde Dummys

Jetzt ist es an der Zeit, Dummys von fremden Personen suchen zu lassen. Das ist jetzt wieder so ein entscheidend neuer Schritt in der Ausbildung, bei dem Sie sehr aufpassen müssen. Oft nehmen die Hunde ein so fremdes Dummy zunächst gar nicht wahr, weil es nicht wie gewohnt riecht. Meistens zögern die Hunde aber kurz bei diesem fremden Dummy.

Dieses erste Wahrnehmen sollen Sie schon belohnen, auch wenn der Hund das Dummy dann noch nicht gebracht hat. Damit zeigen Sie ihm, dass er auf dem richtigen Weg ist. Beim nächsten Versuch wird er es dann bestimmt auch apportieren.

Üben Sie nun mit vielen unterschiedlichen Dummys von unterschiedlichen fremden Personen. Das ist unter Umständen ein logistisches Problem. Bedenken Sie auch, dass der Hund die Leute aus der Übungsgruppe sehr schnell kennt. Das sind keine fremden Personen mehr. Vielleicht haben Sie aber einen Bekannten, der auch Dummyarbeit macht, aber zu weit weg wohnt, als dass Sie mit ihm zusammenarbeiten könnten. Vielleicht können Sie mit dem mal einige Dummys tauschen. Oder Sie bestellen sich einige neue Dummys und verteilen diese, ohne sie vorher angefasst zu haben, an alle möglichen Leute, mit denen Ihr Hund nichts zu tun hat. Nach einer Woche holen Sie sich die Dummys wieder ab. Lassen Sie sie in eine Plastiktüte mit Zippverschluss stecken, so dass Sie sie nicht anfassen müssen. Dann haben Sie neue fremde Dummys fürs Training.

Mehrere Dummys

Bringt Ihr Hund sicher alle möglichen unterschiedlichen Dummys, dann ist es

Es ist hilfreich, Dummys auszutauschen, um fremde Gerüche zu üben.

an der Zeit, mehrere auszulegen. Beginnen Sie mit dreien. Jedes Mal, wenn er Ihnen eins gebracht hat, wird er belohnt und wieder neu auf Suche geschickt.

Steigern Sie die Zahl der ausgelegten Dummys variabel. Mal liegen drei, mal fünf, mal zwei, mal vier, mal sechs und so weiter. Der Hund sollte nie vorhersagen können, wie viele Dummys er bringen soll, sonst wird er sich allzu schnell auf diese bestimmte Zahl festlegen und danach nicht weitersuchen wollen.

Verlorensuche in unterschiedlichem Gelände

Jetzt wird es Zeit, in unterschiedlich anspruchsvollen Geländen zu üben. Trainieren Sie also an vielen unterschiedlichen Orten. Haben Sie bis jetzt die Übungen vielleicht auf der Wiese gemacht, so wählen Sie jetzt höheres Gras oder Brachflächen als Suchgebiete.

Haben Sie sich mit Ihrem Förster besprochen, können Sie bestimmt auch mal im Wald suchen lassen.

Alleine mit den unterschiedlichen Suchgeländen können Sie viele abwechslungsreiche Übungen aufbauen. Der Fantasie sind bei der Auswahl des Geländes kaum Grenzen gesetzt. Sie können den Hund auf ebener Erde suchen lassen, auf einem steilen Hang nach oben oder nach unten. Es kann ein Wasserlauf durch das Suchgebiet führen oder andere Herausforderungen.

Laios sucht in einem guten Arbeitstempo im Wald.

Steigern Sie wie immer die Anforderungen nur so weit, dass der Hund auch Erfolg haben kann.

Unterschiedliche Windrichtungen

Bis jetzt sollte der Hund hauptsächlich gegen den Wind suchen. Vielleicht war das schon bisher vom Gelände her gar nicht immer möglich. Aber ab jetzt sollten Sie die Suchübungen ganz bewusst so aufbauen, dass Sie mal mit Seitenwind und mal mit Rückenwind arbeiten.

Beobachten Sie dabei die Arbeitsweise des Hundes. Im optimalen Fall sucht er sich selber die Windrichtung, gegen die er dann arbeiten kann.

Eventuell können Sie den Hund zunächst auch wieder wie am Anfang in Schlangenlinien gegen den Wind begleiten. Später sollte er von alleine eine möglichst effektive Arbeitsweise zeigen, um die Dummys möglichst schnell in die Nase zu bekommen und zu finden.

Wichtiger, als dass der Hund unbedingt in Schlangenlinien gegen den Wind sucht, ist, dass er sich eine schön selbstständige Arbeitsweise angewöhnt. Die Hunde arbeiten unterschiedlich und jeder hat so seine eigenen Suchtechniken. Wenn der Hund mit seiner eigenen Technik gut zurechtkommt, muss man ihn nicht unbedingt umtrainieren. Lassen Sie ihm dann seine Arbeitsweise, aber hinterfragen Sie immer kritisch, ob er auch wirklich effektiv sucht.

Britta lässt Luna im Hang suchen.

Suchen im Hang

Wählen Sie als Suchengebiet auch mal einen Hang aus, wobei Sie den Hund mal von unten nach oben und mal von oben nach unten suchen lassen. Im Hang verteilt sich der Geruch anders als auf ebener Fläche.

In der Regel »fließt« der Geruch nach unten. Der Hund wird es also in der Regel einfacher haben, wenn er von unten nach oben sucht. Herrscht jedoch je nach Wetterlage eine Thermik, kann es sein, dass der Geruch auch bergauf geht.

Je mehr Suchen Sie mit dem Hund machen, desto mehr werden Sie selber über Gerüche lernen. Denn über Gerüche können wir nur indirekt über die Beobachtung des Hundes lernen.

Dummys liegen schon länger

Üben Sie mit Dummys, die schon unterschiedlich lange im Gelände liegen. Es ist für den Hund nicht dasselbe, ob der Dummy erst fünf Minuten oder schon drei Stunden an seinem Ort liegt. Vielleicht haben sich solche Situationen auch schon automatisch im Training ergeben, weil Sie zuerst die Gebiete präpariert hatten und erst später den Hund dazu nahmen. Wenn nicht, sollten Sie das unbedingt üben. Zum einen ist das wieder eine schöne neue Herausforderung. Zum anderen ist es wichtig für den Fall, dass Sie Dummyprüfungen machen wollen. Da weiß man schließlich auch nicht, wie lange die Dummys schon im Gelände liegen. Denn wie gesagt: Liegt ein

Dummy unterschiedlich lange im Gelände, ist für den Hund die Sucharbeit nicht dieselbe, weil das Dummy immer mehr Geruch der Umgebung annimmt und weil sich der Geruch des Dummys immer mehr verteilt.

Dummys vorne und hinten im Gelände

Wählen Sie sich für den Anfang ein Suchgelände, das ungefähr fünfzig mal fünfzig Meter groß ist. Verteilen Sie die Dummys so, dass einige weit hinten im Gebiet liegen und einige weit vorne. Nehmen Sie entweder z. B. für hinten orangene und für vorne grüne Dummys oder nummerieren Sie die Dummys. Hinten könnten dann z. B. Nummer 1 - 3 liegen und vorne 4 - 6. Bleiben Sie auf der Startlinie. Bewegen Sie sich selber nicht mit ins Suchgebiet. Jetzt können Sie beobachten, welche Dummys der Hund als erste bringt. Es gibt Hunde, die sich nicht so gerne vom Hundeführer lösen und daher lieber die vorderen Dummys bringen. Andere schießen ins Suchgebiet und überlaufen die vorderen Dummys vor lauter Eifer. Beides ist nicht schlimm, sofern der Hund anschließend auch die anderen Dummys arbeitet.

Sollte Ihnen aber auffallen, dass er mit einer bestimmten Entfernung Schwierigkeiten hat, gilt es wieder, das ganz speziell zu üben, indem Sie den Hund langsam und mit Erfolg an die Übung heranführen. In der Regel werden die ziemlich weit vorne im Gelände liegenden Dummys meist im Training vergessen. Daher hat der Hund damit keine Erfahrung. So schleichen sich unbewusst oft gleichbleibende Trainingssituationen ein, wodurch der Hund dann leicht lernen könnte, dass es immer so ist. Sehr sinnvoll ist, wenn man mit mehreren Hundehaltern zusammen arbeitet und jeder die Übung mal aufbaut, weil jeder so seine eigenen Eigenarten im Übungsaufbau hat.

Die Wasserarbeit

Eigentlich gelten für die Wasserarbeit die gleichen Regeln wie für die anderen Übungen auch. Man könnte die Wasserarbeit als Aufgabe in einem unterschiedlichen Gelände sehen. Sowohl das Einweisen als auch das Markieren kann über ein Gewässer oder auch ins Wasser stattfinden. Auch das Suchen könnte man im Wasser üben. Bei der Wasserarbeit ist es extrem wichtig, dem Hund zum erfolgreichen Durchführen der Aufgaben zu verhelfen. Außerdem gilt zu bedenken, dass so manch ein Hund extrem gerne ins Wasser geht und dabei so richtig aufdreht, was dann dem Arbeiten unter starker Ablenkung gleich kommt. Natürlich ist es wichtig, dass der Hund überhaupt ins Wasser geht. Das ist wieder unbedingt Voraussetzung, bevor das Ins-Wasser-Gehen mit anderen Aufgaben verbunden wird. Haben Sie einen Hund, der sich nicht gerne nass macht, und Sie wollen ihn dennoch an die Wasserarbeit heranführen, sollten Sie ihn geduldig dahinführen. Eine schöne Möglichkeit ist es, wenn Sie sich mit wasserbegeisterten Hunden treffen. Oft ist eine solche Begeisterung dann auch für andere ansteckend. Eine andere Möglichkeit ist, dass Sie im Sommer selber ins Wasser gehen und den Hund dadurch motivieren, mitzukommen. Achtung beim Schwimmen mit Hund! Besonders dann, wenn es für Ihren Hund eine Überwindung bedeutet, mit ins Wasser zu kommen, er es aber dennoch macht, kann es sein, dass er versucht, sich an Ihnen festzukrallen. Das kann auf nackter Haut extrem schmerzhaft sein.

Mit Geduld und häufigen Wiederholungen bekommt man die meisten Hunde dazu, ins Wasser zu gehen. Sie sollten dabei nur keinen Druck ausüben. Sonst werden Sie dem Hund das Wasser eher verleiden. Nehmen wir an,

Sie haben dem Hund also nun beigebracht, ins Wasser zu gehen oder er macht das von sich aus gerne. Jetzt führen Sie ihn wieder mit kleinen Schritten zum Erfolg. Der Hund sollte die Übungen an Land schon gut beherrschen, bevor Sie an die Wasserarbeit gehen. Sie sollten dem Hund im Wasser nichts Neues beibringen. Denn der Hund hat genug mit den Herausforderungen zu tun, die ihm das Wasser stellt.

Einführen der Wassermarkierung

Beginnen Sie diese Übung an der Ecke eines Sees oder Weihers. Sie stehen mit dem Hund an einer Seite, wobei der Wind möglichst von hinten kommen sollte. Ihr Helfer befindet sich an der angrenzenden Seite, steht also im 90°-Winkel zu Ihnen. Lassen Sie den Hund nun drei Markierungen arbeiten. Der Helfer sollte die Dummys jeweils vor den Hund werfen, in steigendem Abstand, ohne dabei seine Position zu verändern. Der Hund sollte vom Ufer aus im rechten Winkel ins Wasser einsteigen, um zum Dummy zu kommen. Am Anfang sollte die Entfernung des Dummys zu Ihnen und dem Hund unbedingt kleiner sein als zum Helfer und seinem Ufer. Gehen Sie besonders im Wasser sehr behutsam vor mit den Anforderungen an den Hund. Hierbei sollte die Ampel eigentlich immer gleich von grün auf rot springen, wenn etwas nicht klappt. Wir wollen den Hund auf keinen Fall im Wasser überfordern! Deshalb genügen auch drei Wiederholungen in einer Trainingseinheit! Es reichen auch ein oder höchstens zwei Trainingseinheiten pro Tag. Hier ist weniger wirklich mehr! Also bremsen Sie sich, auch wenn das erfahrungsgemäß sehr schwer ist.

Der Hund sollte das Dummy abgeben, bevor er sich schüttelt. Für den Anfang liegt es wieder an Ihnen, dafür zu sorgen, dass er das tut, indem Sie ihn direkt am Ufer empfangen und das Dummy entgegennehmen, bevor der Hund zum Schütteln kommt. Jedes Mal wenn der Hund von nun an aus dem Wasser kommt (auch außerhalb der Dummyarbeit) geben Sie ihm das Kommando zum Schütteln, kurz bevor er dazu ansetzt. Wir wollen dieses Verhalten unter Signalkontrolle bringen, damit Sie es später wirklich kontrollieren können, wann sich der Hund schüttelt.

Steigern Sie nun allmählich die Entfernung, die der Hund bei den Wassermarkierungen schwimmen soll. Besondere Vorsicht ist geboten, wenn die Entfernung zwischen Ihnen und Dummy größer wird, als die zum Helfer. Der Hund sollte nie dazu verleitet werden, auf dem kürzesten Wege an Land zu schwimmen und dann zu Ihnen zu laufen. An diesem Punkt müssen Sie besonders langsam vorgehen. Sollten Sie doch mal zu schnell vorgegangen sein, nehmen Sie dem Hund das Dummy kommentarlos ab und treten Sie sich selber in den Hindern, damit Ihnen das nicht noch einmal passiert.

Michaela und Silas zeigen die einzelnen Schritte einer schönen Wassermarkierung.

Schräge Uferwinkel auf dem Rückweg

Da es bei der Markierung wichtig ist, dass der Hund in gerader Linie zum Dummy läuft, müssen wir bei der Wasserarbeit einige spezielle Übungen machen, damit er nicht verleitet wird, den kürzesten Weg an Land zu nehmen und den Rest zu laufen.

Nehmen Sie sich wieder die Ecke eines Weihers als Übungsort. Diesmal benötigen Sie keinen Helfer. Sie können die Dummys selber werfen, weil es nicht auf Entfernung ankommt. Werfen Sie dem Hund jetzt ein Dummy von der einen Weiherseite ins Wasser, so dass er wieder im rechten Winkel hineinspringen kann. Während der Hund zum Dummy schwimmt, laufen Sie über die Ecke und rufen den Hund, so dass er das Dummy wieder zu Ihnen bringt, obwohl Sie Ihre Position verändert haben. Sie sollten sich so stellen, dass der Hund das Wasser auch wieder im rechten Winkel verlassen kann. Denken Sie daran, das Dummy entgegenzunehmen, bevor der Hund sich schüttelt. Wiederholen Sie diese Übung über einige Trainingseinheiten, damit der Hund lernt, auf direktem Weg zu Ihnen zu schwimmen, auch wenn Sie die Position verändern.

So vorbereitet gehen Sie jetzt die schrägen Uferwinkel an. Werfen Sie dem Hund wieder ein Dummy, so dass er im rechten Winkel ins Wasser kann. Während er zum Dummy schwimmt, gehen Sie einige Schritte am Ufer entlang. Fordern Sie den Hund wieder auf, zu Ihnen zu schwimmen. Um jeden Fehler zu vermeiden, können Sie ihm anfangs sogar einige Schritte ins Wasser entgegengehen (Das setzt natürlich einen entsprechend flachen Einstieg voraus). Er wird nun direkt zu Ihnen kommen, weil Sie ja auch im Wasser sind. Im Laufe der Wiederholungen gehen Sie dabei immer mehr an Land. Der Hund wird sich so angewöhnen, auch in schrägen Winkeln aufs Ufer zu schwimmen, um

Florian geht Nuja entgegen, um dem Hund die Übung zu erleichtern.

direkt zu Ihnen zu kommen, ohne den Weg ans Ufer abzukürzen. Sollte er das dennoch einmal tun, nehmen Sie wieder kommentarlos das Dummy entgegen und gehen Sie einige Trainingsschritte zurück.

Schräge Uferwinkel auf dem Hinweg

Jetzt üben wir als nächsten Punkt den schrägen Einstieg ins Wasser. Sie sehen, wieder machen wir einen Schritt nach dem anderen und konzentrieren uns jedes Mal nur auf eine Schwierigkeit. Lassen Sie den Hund von einer Startlinie in unmittelbarer Nähe des Ufers schräg auf ein Dummy, das recht nah gefallen ist, zuschwimmen. Sobald er im Wasser ist, ändern Sie Ihre Position, sodass er im rechten Winkel zu Ihnen zurückkommen kann.

Entfernen Sie die Startlinie immer weiter vom Ufer. Ihr Kriterium sollte sein, dass der Hund wirklich schön schräg ins Wasser einsteigt. Auch das Dummy sollte immer weiter im Wasser fallen. Sollte Ihr Hund trotz kleiner Trainingsschritte dazu neigen, die Gerade zum Dummy zu verlassen, um im rechten Winkel ins Wasser zu springen, müssen Sie für Misserfolg sorgen. Das kann man ganz gut machen, indem der Helfer ein Seil durch die Schlaufe des Dummys zieht. Beide Enden dieses Seiles hält er in der Hand, wenn er das Dummy wirft. Das Seil muss also lang genug sein. Steigt der Hund schön ins Wasser ein, lässt er ein Seilende los und zieht es so aus der Dummyschlaufe. Steigt der Hund jedoch im rechten Winkel ins Wasser ein, zieht er das Dummy weg, so dass der Hund es nicht mehr erreichen kann. Wichtig für diese Arbeit mit Misserfolg ist, dass die Übung zuvor schön schrittweise aufgebaut wurde, dass der Hund also die Chance hatte, zu verstehen, worum es geht. Außerdem ist es auch sinnvoll, ein Markersignal für einen Misserfolg zu haben, das Sie genau in dem Moment geben können, wenn er die gerade Linie zum Dummy verlässt, wie z. B. »Schade«.

Üben Sie die oben genannten Markierungen an unterschiedlichen Gewässern, bis der Hund diese einzelnen Aufgaben gut meistert. Erst dann bauen Sie wieder alles zusammen und lassen den Hund auf einem schrägen Winkel zum Ufer ins Wasser einsteigen und auf dem gleichen Weg zu Ihnen zurückkommen.

Markierungen am anderen Ufer eines Gewässers

Wenn Sie die Ein- und Ausstiege aus dem Wasser gut geübt haben, konnen Sie den Hund nun eine Markierung arbeiten lassen, bei der er ein Gewässer durchqueren muss. Beginnen Sie mit einer Überquerung im rechten Winkel. Das dürfte kein Problem sein.

Anschließend lassen Sie die Markierung so werfen, dass der Hund die Uferlinien schräg überwinden muss. Dabei können Sie zu Beginn den Ein- oder Ausstieg nutzen, den der Hund schon aus der rechtwinkligen Übung kennt. Sollte der Hund Schwierigkei-

Delia wirft für Lisa und Laios eine Markierung am anderen Ufer.

ten bekommen, gehen Sie wieder einige Trainingsschritte zurück und trainieren Sie jedes Teil der Übung noch einmal separat.

Machen Sie sich wirklich klar, dass Sie jeden Fehler vermeiden sollten. Denn der Hund lernt sonst leider auch jeden Fehler. Besser ist es also, Sie gehen eher zu langsam vor als zu schnell.

Einweisen am und im Wasser

Für die erste Einweiseübung im Wasser brauchen Sie ein gut sichtbares blaues oder weißes schwimmendes Dummy. Der Hund sollte bei der Wassermarkierung bisher ohne Probleme ins Wasser gegangen sein, bevor Sie das Einweisen beginnen. Denn jetzt fehlt der Anreiz des fallenden Dummys.

Wählen Sie sich ein stilles, nicht fließendes Gewässer. Es sollte kaum Bewuchs am Ufer sein. Ohne dass der Hund zusieht, werfen Sie oder ein Helfer das Dummy auf das Gewässer. Kontrollieren Sie vom Startpunkt des Hundes, ob das Dummy aus seiner Augenhöhe zu sehen ist. Das sollte unbedingt der Fall sein! Anschließend nehmen Sie den Hund zum Startpunkt und weisen ihn mit den schon bekannten Ritualen auf das Dummy ein. Wählen Sie den Startpunkt so, dass der Hund im rechten Winkel ins Wasser einsteigen kann. Da er das Dummy deutlich sieht, sollte das kein Problem sein. Üben Sie das ein halbes Dutzend mal von mehreren Stellen aus. Der Hund sollte sicher und ohne Zögern ins Wasser gehen, ansonsten sollten Sie das unbedingt separat trainieren.

Silas schwimmt zum Dummy.

Silas schwimmt auf die Sichthilfe zu.

Einweisen ins Wasser mit Sichthilfe

Klappt das Einweisen auf das gut sichtbare Dummy, wählen Sie wieder den gewohnten Übungsaufbau mit der Pylone oder dem Fähnchen als Sichthilfe. Im Wasser sollten Sie einen Stab dabei haben, den Sie in den Boden stecken, um die Sichthilfe darauf zu befestigen. Jetzt können Sie wieder mehrere Dummys bei dieser Sichthilfe deponieren und den Hund die Übung mehrmals hintereinander machen lassen. Hat er damit keine Probleme, entfernen Sie die Sichthilfe und schicken ihn für ein oder zwei Dummys ohne Hilfe. Da er den Weg kennt, dürfte das kein Problem mehr sein.

Einweisen über ein Gewässer mit Sichthilfe

In diesem Trainingsschritt schicken Sie den Hund durch ein Gewässer. Er muss also ins Wasser hineingehen, es durchschwimmen, am anderen Ende wieder hinaussteigen, das Dummy nehmen und damit durchs Wasser zurückkommen. Machen Sie auch diese Übung zunächst so einfach wie möglich, indem Sie den Hund im rechten Winkel ins Wasser ein- und aussteigen lassen. Sehr viel häufiger sollten Sie jedoch die vorherige Übung praktizieren. Wenn der Hund nämlich überwiegend lernt, dass die Dummys meistens auf der anderen Seite an Land liegen, lau-

Damon apportiert das Dummy auch durch den See zurück.

fen Sie Gefahr, ihn dazu zu verleiten, um das Wasser herumzulaufen. Die größte Schwierigkeit bei dieser Übung ist in der Regel, dass der Hund mit dem Dummy auch wieder durchs Wasser zurückkommt. Das müssen Sie unbedingt sicherstellen. Sobald er nur einmal außen herum läuft, sollte die rote Ampel angehen. Als Abhilfe können Sie dem Hund im Wasser entgegengehen und ihn zusätzlich abrufen.

Sehr gut ist auch ein breiterer Bachlauf, der kaum Strömung hat. Da kann der Hund nicht drum herum laufen. Geben Sie dem Hund über kleine Trainingsschritte so viel Selbstvertrauen, dass er die Übung gut lösen kann und denken Sie daran: Weniger ist mehr, gerade in der Wasserarbeit.

Einweisen mit schrägem Einstieg ins Wasser

Wiederholen Sie für diese Übung noch einmal eine Markierung, bei der der Hund schräg ins Wasser einsteigt. Nimmt er den schrägen Winkel ohne Probleme, bauen Sie anschließend die Sichthilfe und mehrere Dummys im Wasser auf. Nach ein bis zwei Wiederholungen mit Sichthilfe entfernen Sie diese und schicken den Hund die weiteren Male ohne.

Üben Sie diese Übung so lange mit den Dummys im Wasser, bis sie ohne Probleme klappt. Auch die vorherige Übung sollte sozusagen im Schlaf funktionieren, bevor Sie den Hund schräg durch das Wasser auf das Dummy am anderen Ufer einweisen.

Michaela weist Silas schräg zum Ufer auf das Dummy ein.

Denn dabei hat er ja zwei schräge Ein- und Ausstiege zu bewältigen, was schon eine ganz schöne Herausforderung ist.

Arbeiten über fließendes Gewässer

Bis jetzt haben wir an stehendem Gewässer gearbeitet. In fließendem Gewässer ist die neue Heraufforderung, dass der Hund sozusagen die Strömung mit einberechnen muss. Suchen Sie sich also ein entsprechendes Gewässer. Für den Anfang sollte die Strömung nicht zu stark sein – manch ein Hund könnte sonst sein Selbstvertrauen verlieren. Bauen Sie einen Dummyhaufen mit Sichthilfe am anderen Ufer auf und weisen Sie den Hund gerade darauf ein. Vielleicht können Sie beobachten, wie er mit den Wiederholungen die Strömung immer besser berechnet und immer weniger abdriftet. Nach zwei bis drei Wiederholungen entfernen Sie die Sichthilfe und schicken den Hund so, dass er sich ein Bild aus der Natur als Ziel einprägen muss.

Üben Sie die bisher beschriebenen Aufgaben an vielen unterschiedlichen, aber entsprechend geeigneten Gewässern.

Stoppen und Schicken nach rechts oder links im Wasser

Bevor Sie diese Einweiseübungen im Wasser machen, ist es wieder absolut notwendig, dass der Hund sie an Land gut beherrscht.

Stoppen heißt ja eigentlich, dass der Hund sich zu Ihnen umwenden und

Laios schwimmt durch die Strömung zur Sichthilfe.

sich setzen soll, um auf weitere Signale zu warten. Im Wasser kann sich der Hund natürlich nicht setzen, aber er kann auch da stoppen und sich Ihnen zuwenden. Üben Sie den Stopppfiff noch einmal einige Male an Land und versuchen es dann im Wasser. Kann Ihr Hund das Signal auf die Wassersituation umsetzen? In der Regel macht das den Hunden keine Probleme. Wichtig ist jedoch, dass Sie immer präzise arbeiten. Sonst besteht gerade im Wasser die Gefahr, dass Sie den Stopppfiff unbeabsichtigt wieder abtrainieren. Erinnern Sie sich daran, dass die Wasserarbeit für viele Hunde Arbeiten unter höchster Ablenkung ist! Entsprechend gut sollte das Signal an

Nachdem Michaela Silas im Wasser gestoppt hat, schickt sie ihn nach rechts.

stoppen ihn, aber jetzt wird er als Belohnung nach rechts bzw. links geschickt, je nach Übungsaufbau. Sobald er sich zur Seite einweisen lässt, sollte er die Sichthilfe ins Auge bekommen und die Übung sicher beenden können.

Machen Sie sich bewusst, dass das Schicken nach rechts bzw. links wirklich eine Belohnung ist. Achten Sie also darauf, wann Sie dem Hund das entsprechende Signal geben! Sonst belohnen Sie unter Umständen etwas, was Sie gar nicht beabsichtigt haben.

Land trainiert sein, denn es gilt auch hier die Regel, dass Sie das Kommando nur dann geben sollten, wenn Sie hundert Euro darauf verwetten würden, dass der Hund es auch befolgt. Setzen Sie außerdem anfangs im richtigen Moment das Markersignal ein und sorgen Sie dafür, dass der Hund an Ort und Stelle belohnt wird, indem Sie ihm z. B. ein Dummy recht nah vor die Nase werfen (Vorsicht bei Spritzwasser-empfindlichen Hunden!).

Klappt das Stoppen gut, wählen Sie sich als nächstes ein Gewässer, das Sie so vorbereiten können, dass der Hund von seiner Startposition nicht sieht, dass sozusagen um die Ecke die Sichthilfe mit den Dummys ist. Sie schicken ihn also geradeaus ins Wasser,

Einweisespiel im Wasser

Die gleiche Übung, wie sie auf Seite 58 schon beschrieben ist, kann man auch im Wasser aufbauen. Sie sollten sich jedoch sicher sein, dass Ihr Hund sich dahin schicken lässt, wo Sie vorgeben. Sonst kann er sich nämlich selbst bedienen und für Ungehorsam belohnen. Das sollte nicht passieren. Im Notfall können Sie mit Helfern arbeiten, die jeweils ein Dummy mit Seil festhalten und es zur Not entfernen, wenn der Hund ein Einweisesignal nicht befolgt. Dann müssen Sie die

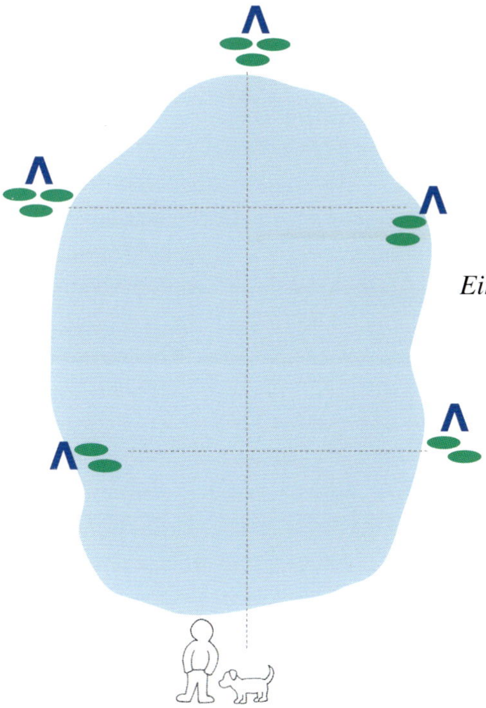

Einweisespiel im Wasser.

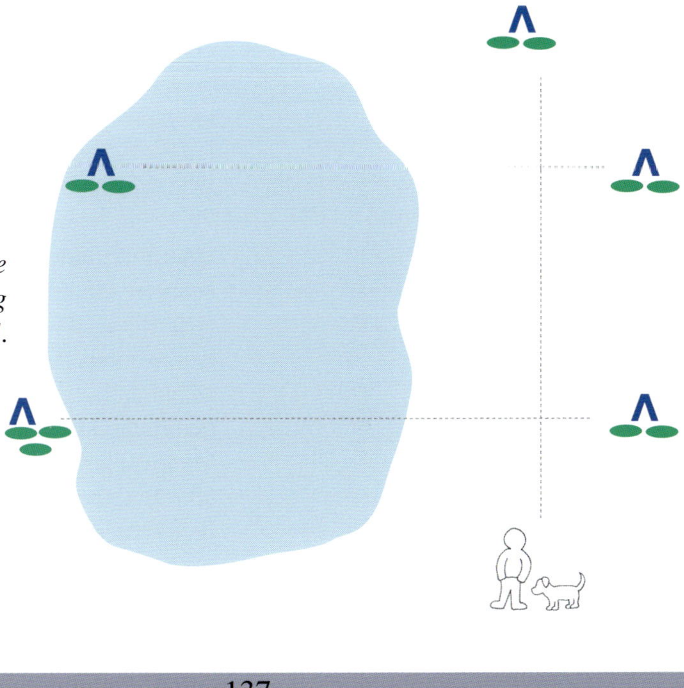

Kombinierte Einweiseübung Wasser und Land.

Übung natürlich gemäß der Anzahl Ihrer Helfer aufbauen.

Kombinierte Einweiseübung Wasser und Land

Bauen Sie die Übung so auf, dass der Startpunkt neben dem Wasser liegt. Ein Dummyhaufen mit Sichthilfe liegt auch neben dem Wasser, so dass der Hund neben dem Gewässer laufen muss um dorthin zu kommen. Ein Dummyhaufen mit Sichthilfe ist am anderen Ufer des Gewässers und einer weiter landeinwärts.

Silas arbeitet voraus neben dem Wasser.

Jetzt schicken Sie den Hund mal geradeaus, mal stoppen Sie ihn in der Mitte und schicken ihn entweder auf zum Dummyhaufen im Wasser oder auch zur anderen Richtung.

Für sehr wasserverrückte Hunde ist es unter Umständen eine zu große Herausforderung, am Ufer entlang zu laufen, ohne ins Wasser zu springen. Sie müssen also entsprechend vorsichtig mit dem Übungsaufbau sein und eventuell den Abstand zum Gewässer vergrößern.

Kombinierte Übungen

Jetzt wird es spannend. Bisher wurden die einzelnen Übungen der Dummyarbeit vollkommen getrennt voneinander geübt. Jetzt können Sie mal testen, ob der Hund wirklich versteht, was Sie von ihm wollen.

Wie wäre es zum Beispiel mit folgender Aufgabenstellung:

Links von Ihnen fällt eine Markierung. Sie weisen den Hund jedoch zunächst geradeaus auf ein Dummy ein. Anschließend schicken Sie ihn rechts von sich zwei Dummys suchen und lassen ihn zum Abschluss links die Markierung arbeiten. Dabei zeigt es sich, ob der Hund wirklich auf Ihre Signale und Richtungsangaben achtet. Machen Sie diese Aufgabe als ein Test. Herzlichen Glückwunsch, wenn der Hund sie erfolgreich ausführt. Das würde zeigen, dass Sie sehr gute Arbeit geleistet haben.

Sollte der Hund Schwierigkeiten haben, stellen Sie das einfach fest und überlegen Sie sich, wie Sie das Training gestalten können, damit der Hund ähnliche Aufgaben beim nächsten Mal erfolgreich löst.

So könnte es sein, dass er die Markierung zu »anziehend« findet und sich nicht einweisen lässt, sondern sofort die Markierung arbeiten will. Trainieren Sie in einem solchen Fall also Einweiseübungen, bei denen in weiterer Entfernung Markierungen fallen. Nähern Sie sich langsam Ihrem Trainingsziel, dass der Hund sich auch von einer in unmittelbarer Nähe gefallenen Markierung nicht mehr vom Einweisen ablenken lässt.

Noch eine Herausforderung: Weisen Sie den Hund ein über ein Gewässer, einen Hang hinauf und lassen Sie ihn dann oben auf der Ebene außer Sicht suchen. Da sich der Hund erst schicken lassen soll, können Sie nicht das gewohnte Signal für die Dummysuche geben. Verwenden Sie stattdessen, wenn der Hund das eingewiesene Ziel erreicht hat, Ihren Suchenpfiff. Versteht der Hund, was Sie meinen, wenn er in unmittelbarer Umgebung des Suchenpfiffs nichts findet? Dehnt er das Suchgebiet dann selbstständig aus, um dann in größerer Entfernung erfolgreich zu sein? Nehmen Sie sich zu Anfang wieder den Wind zur Hilfe. Er sollte oben auf der Ebene dem Hund entgegenkommen.

Üben Sie auf diese Weise nicht zu häufig. Denn der Suchenpfiff heißt ja eigentlich »Such in unmittelbarer Nähe«.

Kombinationen aus Land- und Wasseraufgaben

Sie können den Hund auf ein Dummy einweisen, das sich in etwa hundert Metern Entfernung befindet, wobei in der Mitte der Strecke ein Gewässer ist, das durchquert werden muss.

Überlegen Sie nun selbst, wie Sie das Training gestalten müssen, wenn der Hund diese Aufgabe nicht auf Anhieb löst. Der Fantasie sind bei den Kombinationsmöglichkeiten der einzelnen Teilaufgaben der Dummyarbeit jetzt keine Grenzen gesetzt. Denken Sie jedoch daran, dass Sie den Hund immer zum Erfolg führen sollten, auch wenn Sie auf alle möglichen gedachten Schwierigkeiten hin trainieren. Denn dann wird er Spaß an diesen Herausforderungen haben. Er wird dann auch in einer Prüfung – sofern Sie dazu ambitioniert sind – selbst schwierige Aufgaben zuversichtlich lösen.

Wie wir so oft an unseren Wochenendseminaren sagen, ist auch das, was wir hier für Sie aufgeschrieben haben, ein »Lernkonzentrat«. Schön verdünnt, Stück für Stück trainiert, können Sie Ihren Hund damit gut und gerne über drei Jahre hinweg ausbilden. Übereilen Sie also nichts. Denn das führt Sie nicht schneller zum Ziel. Stattdessen werden Sie dann später das meiste Training damit verbringen, Fehler für Fehler zu korrigieren. Wie viel schöner ist es dann doch von einem Erfolg zum nächsten zu arbeiten! Und Ihr Hund wird es Ihnen danken.

Quellen

Literaturverzeichnis

»Clicker – Positives Lernen für den Hund« Karen Pryor, Kynos Verlag

»Das andere Ende der Leine« Patricia B. McConnell, Kynos Verlag

»Die drei Apporte« Tineke J. Antonisse-Zijda, Eigenverlag www.die-drei-apporte.de

»Die drei Charaktere« Anke Bogaerts, Eigenverlag

»Dog Tricks – Clevere Spaßspiele für jeden Hund« Mary Ray, Justine Harding, Kynos Verlag

»Hundeschule« Viviane Theby, Kosmos Verlag

»Sam, Apport!« Nel Barendregt, Kynos Verlag

»Schnüffelstunde – Nasenspiele für Hunde« Viviane Theby, Kynos Verlag

»Verstehe deinen Hund« Viviane Theby, Kosmos Verlag

»Wenn Hunde sprechen könnten ...« Vilmos Csányi, Kynos Verlag

»Wie der Mensch, so sein Hund« Dr. Sophia Yin, Kynos Verlag

»Wir schnüffeln weiter – Neue Nasenspiele für Hunde« Viviane Theby, Michaela Hares, Kynos Verlag

Nützliche Adressen

BHV
Berufsverband der Hundeerzieher/innen und Verhaltensberater/innen e.V.
Eppsteiner Straße 75
65719 Hofheim
www.bhv-net.de

Tierakademie Scheuerhof
54516 Wittlich
www.tierakademie.de

Bezugsadresse für blaue Pylonen:
www.pylonenwelt.de

Zum Weiterlesen

Flexicover, 152 durchgehend farbig

Viviane Theby

Verstärker verstehen

Über den Einsatz von Belohnung im Hundetraining

Belohnen ist weit mehr als Leckerchen geben: Darin steckt ein riesiges Potenzial, um das Training von Hunden effektiver zu gestalten.
Viviane Theby erklärt auf Grundlage aktueller Lerntheorie, warum richtige Belohnungen so machtvolle Verstärker von Verhalten sind, worin der Unterschied zwischen primären und sekundären Verstärkern besteht, warum das exakte Timing entscheidend ist und was es mit Belohnungskriterien und -raten auf sich hat.

ISBN 978-3-942335-15-7
20,50 €(A) 28,50 CHF **19,90 €**
eBook ISBN: 978-3-942335-26-3
16,99 €(A) 20,00 CHF **16,99 €**

Hardcover, 232 Seiten, durchgehend farbig

Viviane Theby und Michaela Hares

Das große Schnüffelbuch

Nasenspiele für Hunde

Hunde haben eine faszinierend gute Nase – Ihrer auch!
Warum den so wichtigen Geruchssinn nicht nutzen, um den Vierbeiner artgerecht und abwechslungsreich zu beschäftigen? Hier lesen Sie, wie Sie und Ihr Hund fantasievoll und mit immer neuen Herausforderungen in die spannende Welt der Gerüche eintauchen.

ISBN 978-3-942335-01-0
20,50 €(A) 28,50 CHF **19,90 €**
eBook ISBN: 978-3-942335-27-0
16,99 €(A) 20,00 CHF **16,99 €**

KYNOS VERLAG Dr. Dieter Fleig GmbH • www.kynos-verlag.de